Résistance des matériaux

Chez le même éditeur (extrait du catalogue)

Architecture

Michel Possompès, *La fabrication du projet. Méthode destinée aux étudiants des écoles d'architecture*, 2e éd., 384 p., 2016

Xavier Bezançon & Daniel Devillebichot, *Histoire de la construction*
1. *de la Gaule romaine à la Révolution française*, 392 p. en couleurs, 2013
2. *moderne et contemporaine en France*, 480 p. en couleurs, 2014

Alain Billard, *De la construction à l'architecture*
1. *Les structures-poids*, 604 pages, 2015
2. *Les structures en portiques*, 252 p., 2016
3. *Les structures de hautes performances*, 400 p., 2016

Grégoire Bignier, *Architecture & écologie : comment partager le monde habité*, 2e éd., 216 p., 2015

Construction

Jean-Paul Roy & Jean-Luc Blin-Lacroix, *Le dictionnaire professionnel du BTP*, 3e éd., 828 p., 2011

Léonard Hamburger, *Maître d'œuvre bâtiment. Guide pratique, technique et juridique*, 4e éd., 512 p., 2017

Brice Fèvre & Sébastien Fourage, *Mémento du conducteur de travaux. Préparation et suivi de chantier*, 4e éd., 160 p., 2017

Yves Widloecher & David Cusant, *Manuel d'analyse d'un dossier de bâtiment. Initiation, décodage, contexte, études de cas*, 240 p., 2013

– *Manuel de l'étude de prix, Entreprises du BTP. Contexte, cours, études de cas, exercices résolus*, 4e éd., 240 p., 2017

– *Descriptifs et CCTP de projets de construction. Manuel pour comprendre, analyser organiser et décrire*, 208 p. 2016

Jean-Pierre Gousset, *Avant-métré. Terrassement, VRD & gros-œuvre : principes, ouvrages élémentaires ; études de cas, applications*, 264 p., 2016

– avec le concours de Jean-Claude Capdebielle et de René Pralat, *Le Métré. CAO & DAO avec Autocad. Etude de prix*, 2e éd., 312 p., 2011

Série « Technique des dessins du bâtiment »

Dessin technique et lecture de plan. Principes; exercices, 2e éd., 288 p., 2013

Plans topographiques, plans d'architecte, permis de construire et RT 2012. Détails de construction, 280 p., 2014

Gérard Calvat, *Initiation au dessin de bâtiment, avec 23 exercices d'application corrigés*, 186 p., 2015

...et des dizaines d'autres livres de BTP, de génie civil, de construction et d'architecture sur www.editions-eyrolles.com

Jean-Claude Doubrère

Résistance des matériaux

Cours et exercices corrigés

12e édition revue et enrichie

EYROLLES

ÉDITIONS EYROLLES
61, bd Saint-Germain
75240 Paris Cedex 05
www.editions-eyrolles.com

Dépôt légal : août 2017

Imprimé en Allemagne par BoD

Table des matières

Introduction

Le cours développé dans les pages suivantes a été rédigé à l'usage des techniciens de génie civil appelés, à l'occasion de leur profession, à dresser des projets simples d'ouvrages d'art ou de bâtiment.

Il ne s'agit donc :

- ni d'un cours purement théorique,
- ni d'un cours approfondi à destination d'ingénieurs, mais d'un cours pratique relativement complet, comprenant peu de démonstrations, mais contenant de nombreux exemples concrets ainsi que des exercices que le lecteur est invité à résoudre. Pour permettre au lecteur de vérifier l'exactitude de sa solution, les réponses sont données à la fin de chaque exercice.

Cet ouvrage est accessible à toute personne ayant une culture mathématique du niveau du baccalauréat scientifique.

La connaissance approfondie de ces notions de résistance des matériaux permettra par la suite au lecteur de s'intéresser aux différentes techniques de construction : béton armé, béton précontraint, construction métallique, construction bois, construction maçonnerie etc.

Les unités de mesure utilisées sont les unités légales du Système International (S.I.) :

- longueur : le mètre (m) ;
- masse : le kilogramme (kg) ;
- temps : la seconde (s) ;
- force : le newton (N), force imprimant à une masse de 1 kg une accélération de 1 $m.s^{-2}$;
- travail et énergie : le joule (J) égal à 1 mètre × newton (mN) ;
- moment : le mètre × newton (mN) ;
- pression et contrainte : le pascal (Pa), correspondant à 1 N/m^2.

Outre les unités de base citées ci-dessus, on trouve parfois des multiples, par exemple le bar, correspondant à une pression de 1 décanewton par centimètres carré (1 daN/cm^2), rappelant l'ancienne unité courante kilogramme-force/cm^2 [1].

1. Rappelons en effet que le kgf était la force imprimant à une masse de 1 kg-masse une accélération égale à l'accélération de la pesanteur, soit environ 9,81 m.s–2.

Ainsi le kgf vaut 9,81 N, valeur assimilée souvent à 10 N, soit 1 daN. Le bar correspond à 10^5 Pa.

L'hectobar (hb), utilisé souvent en construction métallique, rappelle le kgf/mm^2. Il vaut 10^7 Pa.

De la même manière, l'ancienne unité tonne-force/m^2 correspond sensiblement à 10^4 Pa.

CHAPITRE 1

Notions de statique

1.1 Forces et moments de forces

1.1.1 Forces

1.1.1.1 Notion de forces

Quelle que soit leur nature, et quelle que soit la façon dont elles se manifestent (à distance, ou au contact de deux corps), les forces (par exemple le poids d'un corps), sont, en résistance des matériaux comme en physique traditionnelle, des *grandeurs vectorielles*.

Il faut donc, chaque fois que l'on considère une force, rechercher :

- la droite d'action (la direction),
- le sens,
- le point d'application,
- l'intensité.

a) *La droite d'action*

Si une force s'exerce, par exemple, par l'intermédiaire d'un fil tendu, la droite d'action de la force est celle que matérialise le fil. De même, si une force est transmise par une tige rigide, cette tige matérialise la droite d'action de la force.

b) *Le sens*

Le sens d'une force est celui du mouvement qu'elle tend à produire ; si force et mouvement sont dans le même sens la force est dite *motrice ;* dans le cas contraire, la force est dite *résistante*. Par exemple, les forces de frottement sont des forces résistantes.

c) *Le point d'application*

Si un solide est tiré par un fil ou poussé par une tige rigide, le point d'application est le point d'attache du fil ou le point de contact de la tige.

Dans le cas du poids d'un corps, le point d'application est le centre de gravité de ce corps.

d) *L'intensité*

L'intensité mesure la grandeur de la force. Elle s'exprime en Newton (N).

1.1.1.2 Équilibre d'un solide soumis à des forces concourantes

Nous considérerons successivement des forces opposées (supportées par le même axe), et des forces concourantes (dont les lignes d'action passent par un même point).

Deux forces égales mais opposées s'équilibrent

En effet, les vecteurs qui les représentent sont des vecteurs glissants opposés, dont la somme est nulle.

L'équilibre des appuis, ou des fixations, amène ainsi à envisager l'existence de forces de liaison (ou de réaction) opposées aux forces de sollicitation.

Par exemple, dans le cas du point d'attache B de la figure 1.1, sollicité par la traction du fil, l'équilibre du système n'est possible que s'il existe, au point B, une réaction $\vec{R}$ égale, mais opposée, à la force de sollicitation $\vec{F}$.

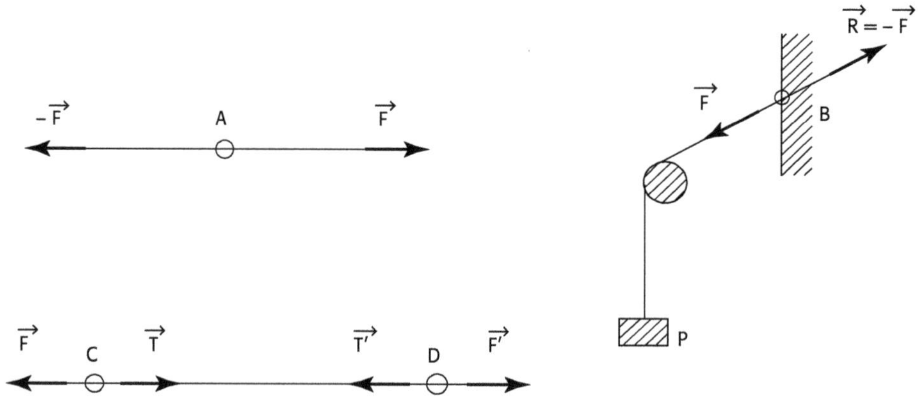

Figure 1.1. Forces opposées.

De la même façon, considérons un fil non pesant tendu grâce à l'action de deux forces $\vec{F}$ et $\vec{F'}$, égales et opposées, appliquées respectivement en C et D ; l'équilibre des points C et D justifie l'existence, en ces points, de forces de liaison $\vec{T}$ et $\vec{T'}$, égales et opposées à $\vec{F}$ et .

L'intensité égale de ces forces $\vec{T}$ et $\vec{T'}$ mesure la tension du fil.

Forces concourantes

Ce sont des forces dont les droites d'action passent par le même point.

La résultante $\overrightarrow{R}$ de forces concourantes est représentée vectoriellement par la diagonale du parallélogramme construit sur les vecteurs figurant ces forces.

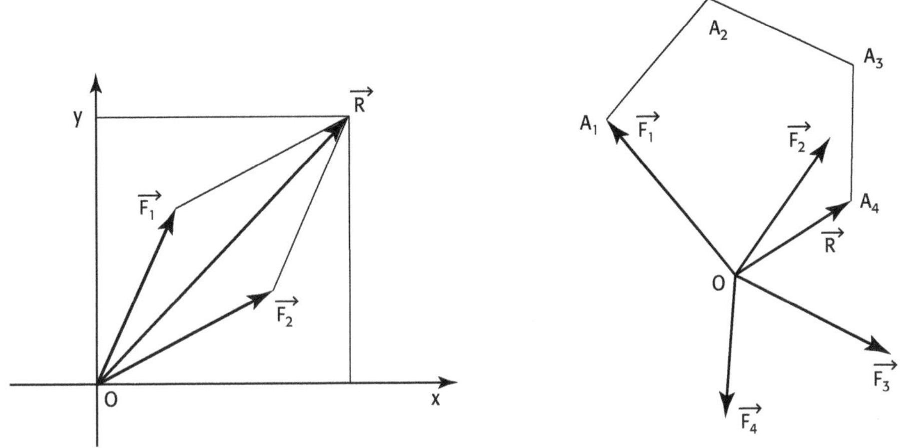

Figure 1.2. Forces concourantes.

L'abscisse du vecteur résultant est égale à la somme des abscisses des vecteurs composants. Il en est de même en ce qui concerne les ordonnées (fig. 1.2).

Inversement, on peut décomposer une force $\overrightarrow{F}$ en deux forces composantes concourantes portées par deux axes OX et OY, en reconstituant le parallélogramme précédent.

Si un solide est soumis à plusieurs forces concourantes, on détermine la résultante de l'ensemble en construisant le *polygone des forces* appelé aussi « polygone de Varignon ». Par exemple, dans le cas de la figure 1.2, à partir de l'extrémité A_1 du vecteur $\overrightarrow{F_1}$, on porte un vecteur $\overrightarrow{A_1A_2}$, **équipollent**[2] à $\overrightarrow{F_2}$. À partir de A_2, on porte un vecteur équipollent à $\overrightarrow{F_3}$, etc. Le vecteur $\overrightarrow{OA_4}$ ainsi obtenu est la résultante des quatre forces $\overrightarrow{F_1}$, $\overrightarrow{F_2}$, $\overrightarrow{F_3}$ et $\overrightarrow{F_4}$.

1.1.1.3 Équilibre d'un solide soumis à des forces parallèles

Forces de même sens

La résultante de deux forces $\overrightarrow{F_A}$ et $\overrightarrow{F_B}$ parallèles et de même sens est une force $\overrightarrow{R}$ parallèle à ces deux forces, de même sens qu'elles, et d'intensité égale à la somme de leurs intensités (fig. 1.3) :

$$\overrightarrow{R} = \overrightarrow{F_A} + \overrightarrow{F_B} \qquad (1.1)$$

2. Un vecteur *équipollent* à un autre vecteur est un vecteur de même intensité et de même sens, placé sur la même droite d'action ou sur une droite d'action parallèle.

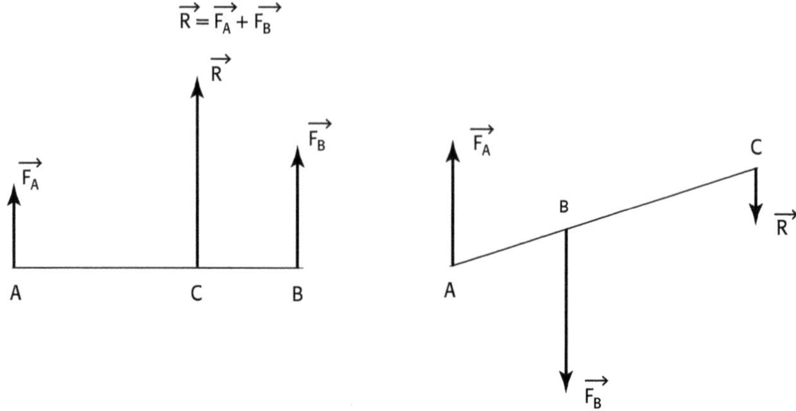

Figure 1.3. Forces parallèles de même sens (à gauche) et de sens contraire (à droite).

D'autre part, le point d'application de la résultante $\vec{R}$ est un point C situé sur le segment AB, entre A et B, tel que :

$$\vec{F_A} \times CA = \vec{F_B} \times CB$$

Forces parallèles et de sens contraire

Deux forces $\vec{F_A}$ et $\vec{F_B}$ parallèles et de sens contraires (fig. 1.3) admettent une résultante $\vec{R}$ parallèle à ces forces, du sens de la plus grande, et d'intensité égale à la différence de leurs intensités :

$$\vec{R} = \vec{F_B} - \vec{F_A} \qquad (1.2)$$

D'autre part, le point d'application de la résultante $\vec{R}$ est un point C situé sur la droite AB, à l'extérieur du segment AB, du côté de la plus grande composante, et tel que :

$$|\vec{F_A} \times CA| = |\vec{F_B} \times CB|$$

Composition de forces parallèles

Pour composer un nombre quelconque de forces parallèles, il faut d'abord considérer toutes les forces de même sens, et on les compose deux par deux jusqu'à trouver leur résultante en appliquant la règle (1.1).

Puis il faut réitérer la même opération pour toutes les forces de l'autre sens en appliquant également la règle (1.1).

On obtient ainsi deux résultantes partielles, parallèles et de sens contraires, auxquelles on applique la règle (1.2). La résultante générale passe par un point appelé *centre des forces parallèles*.

Si les deux résultantes partielles ont la même intensité, elles constituent un *couple* de forces.

Le *centre de gravité* G d'un solide, point d'application de son poids, a les propriétés d'un centre de forces parallèles.

1.1.1.4 Types de forces de la résistance des matériaux

Nous ne considérerons dans la suite de l'ouvrage, que des forces situées dans un plan, ce plan étant en général un plan de symétrie vertical de l'ouvrage étudié, (par exemple, le plan de symétrie d'une poutre de section en forme de té, comme indiqué sur la figure 1.4).

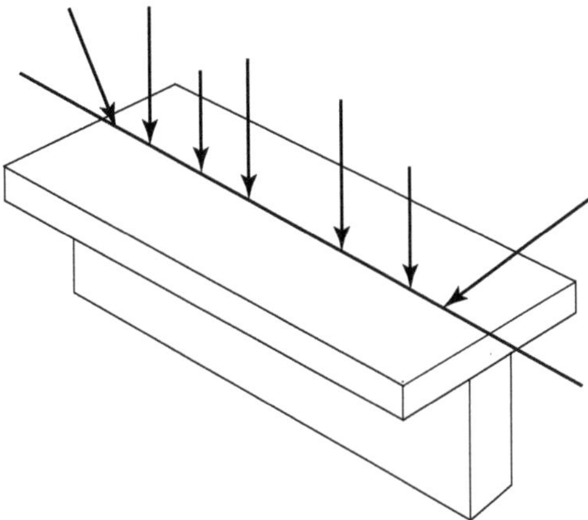

Figure 1.4. Forces appliquées à une poutre à plan moyen.

Les forces appliquées aux ouvrages peuvent être :

- soit des forces dites *concentrées* (par exemple, la réaction donnée par une articulation, ou encore l'action d'une roue d'un véhicule). Ces forces sont appliquées en réalité sur une petite surface, mais sont assimilées, le plus souvent pour le calcul, à des forces ponctuelles ;

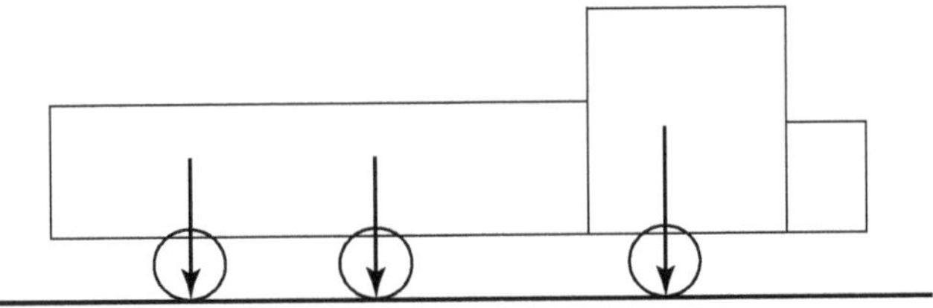

Figure 1.5. Charges concentrées.

- soit des forces dites réparties (par exemple, le poids propre d'une poutre ou la surcharge correspondant à une couche de neige).

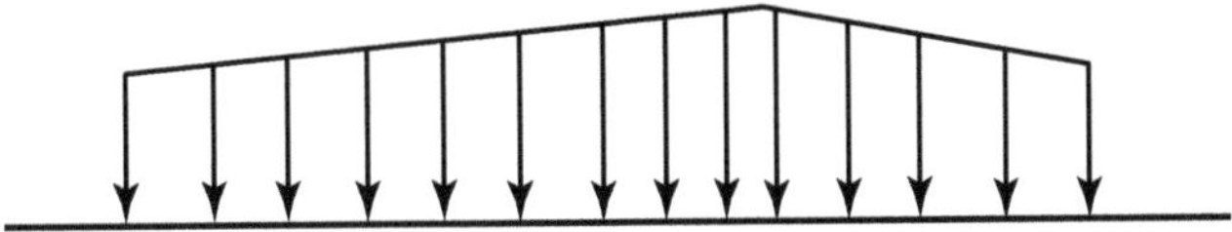

Figure 1.6. Charges réparties

Les forces, représentées par des vecteurs, sont comptées **positivement** si elles sont dirigées du bas vers le haut, et **négativement** dans le cas contraire.

1.1.2 Moments de forces

1.1.2.1 Moment d'une force par rapport à un axe

Faisons l'expérience suivante :

Une roue à gorge de centre O et de rayon R (fig. 1.7) est placée de manière à tourner librement autour de l'axe horizontal perpendiculaire en O au plan de la figure.

Un fil entouré autour de la gorge et fixé à celle-ci par l'une de ses extrémités, supporte à son autre extrémité un poids $\overrightarrow{P}$.

Sous l'action de ce poids, la roue a tendance à tourner dans le sens de rotation des aiguilles d'une montre. Pour l'empêcher de tourner, il faut attacher en un point quelconque A, par l'intermédiaire d'un autre fil, un poids $\overrightarrow{P'}$ d'intensité suffisante. Ainsi l'on obtient ainsi un équilibre stable. En effet si l'on écarte la roue de cette position d'équilibre, en la faisant tourner légèrement dans un sens ou dans l'autre, elle y revient d'elle-même après quelques oscillations.

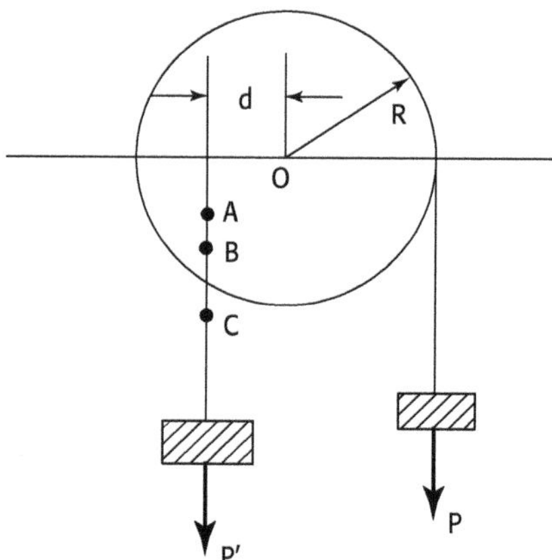

Figure 1.7. Moment d'une force par rapport à un axe.

Si l'on transporte le point d'attache du poids $\overrightarrow{P'}$ en un autre point B ou C, situé sur la verticale de A, l'équilibre subsiste.

D'autre part, on constate que le produit P' × d est égal au produit P × R. Les produits P' × d et P × R représentent les moments des poids $\overrightarrow{P'}$ et $\overrightarrow{P}$ par rapport à l'axe de rotation.

1.1.2.2 Équilibre d'un solide mobile autour d'un axe

Un solide mobile autour d'un axe horizontal est en équilibre lorsque son centre de gravité est situé dans le plan vertical passant par l'axe. Généralement, on obtient ainsi deux positions d'équilibre (fig. 1.8) :

- une pour laquelle le centre de gravité est situé au-dessus de l'axe : l'équilibre correspondant est *instable* ;
- une pour laquelle le centre de gravité est situé au-dessous de l'axe : l'équilibre correspondant est *stable.*

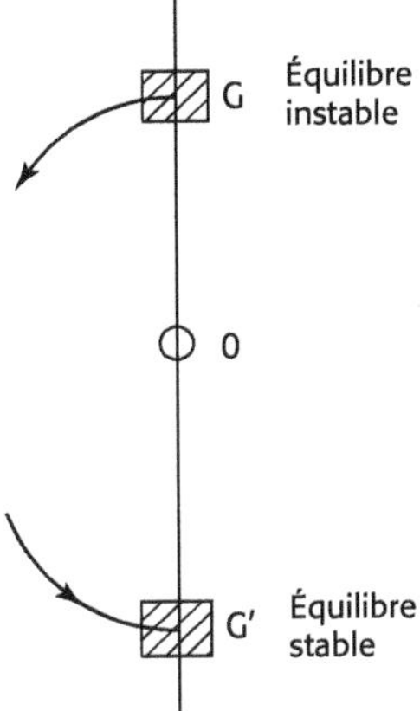

Figure 1.8. Positions d'équilibre.

1.1.2.3 Théorème des moments

Un solide mobile autour d'un axe est en équilibre quand la somme des moments, pris par rapport à cet axe, des forces qui tendent à le faire tourner dans un sens est égale à la somme des moments des forces qui tendent à le faire tourner en sens contraire.

On trouve une application de ce théorème dans l'équilibre des balances, mais également dans l'équilibre de certaines poutres.

1.1.2.4 Les couples de forces

Comme nous l'avons indiqué ci-dessus au paragraphe 1.1.1.3, *un couple est un ensemble de deux forces parallèles, de sens contraire et de même intensité.* Le plan qui contient les droites d'action des deux forces du couple est appelé *plan du couple.*

Considérons un solide mobile autour d'un axe O (fig. 1.9). Appliquons à ce mobile un couple de forces dont le plan est perpendiculaire à l'axe de rotation du solide.

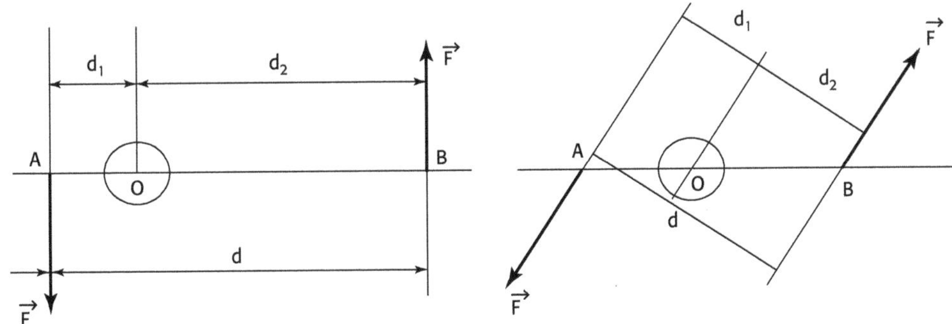

Figure 1.9. Couples de forces.

Diverses expériences montrent que l'effet du couple sur le solide est indépendant de la position des droites d'action des forces du couple par rapport à l'axe de rotation, *pourvu que la distance d de ces droites d'action ne change pas.*

On retrouve aisément ce résultat par le calcul. En effet :

- s'agissant d'un couple, la résultante générale des forces est nulle,
- quant au moment, il est égal à $d_1 \times F + d_2 \times F = (d_1 + d_2) \times F = d \times F$, quelles que soient les valeurs respectives de d_1 ou de d_2.

On constate donc que le *moment d'un couple de forces est le produit de la distance des droites d'action des deux forces* [3] *par leur intensité commune.*

D'autre part, si l'on fait varier simultanément la force $\vec{F}$ et la distance d, de telle façon que le produit $d \times F$ reste constant, l'effet du couple reste le même ; il en résulte que *la grandeur caractéristique d'un couple est son moment.*

L'unité de moment est le mètre × Newton (mN).

Le moment d'une force est positif si la force est dirigée vers la droite pour un observateur situé au point par rapport auquel est pris le moment, négatif si elle est dirigée vers la gauche.[4]

1.2 Actions et réactions

Considérons une masse ponctuelle quelconque ; celle-ci est en équilibre :

- soit si elle n'est soumise à aucune action (ou force) ;
- soit si la somme des actions (ou forces) qui lui sont appliquées est nulle.

Ainsi, une petite boule placée sur un sol horizontal reste en équilibre parce que le sol exerce sur la petite surface de contact qu'il a avec cette boule une réaction $\vec{R}$ égale et opposée au poids de la boule (schéma de gauche de la figure 1.10).

De même, une boule A attachée en B par un fil, exerce sur le point d'attache B une action dirigée vers le bas, égale au poids $\vec{P}$ de la boule (si l'on néglige le poids du fil). Il y aura équilibre si l'attache B maintient une réaction $\vec{R}$ égale et opposée au poids $\vec{P}$ de la boule (schéma de droite de la figure 1.10).

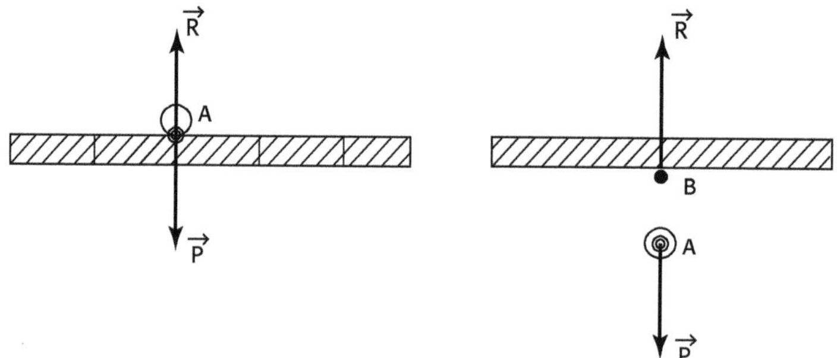

Figure 1.10. Actions et réactions.

Remarquons au passage que l'égalité s'établit bien ici entre vecteurs glissants, les origines étant différentes, mais le support étant évidemment le même.

---

3. Distance appelée souvent « bras de levier du couple ».
4. Signalons que le signe ainsi défini pour les moments est, en résistance des matériaux, l'opposé de celui adopté habituellement en mécanique rationnelle.

1.3 Équilibre d'un solide

Si, pour une masse ponctuelle, comme précédemment, toutes les forces appliquées à cette masse peuvent se ramener à une seule force passant par le point représentatif de la masse, et appelée résultante, il n'en est pas de même pour un corps solide. En effet celui-ci est composé d'un grand nombre de masses quasi ponctuelles, à chacune desquelles est appliquée une force unique.

On démontre que l'ensemble de ces forces peut se ramener à :

- une force unique (résultante générale) ;
- et un couple (dont le moment est appelé moment résultant).

On démontre également que les conditions nécessaires et suffisantes d'équilibre d'un solide indéformable[5] sont exprimées par les deux conditions suivantes :

- La résultante générale des forces (actions et réactions) appliquées à ce solide est **nulle.**
- Le moment résultant de toutes ces forces (actions et réactions), pris *par rapport à un point quelconque* **est nul.**

Dans le cas particulier de forces situées dans un même plan vertical, ces deux conditions s'expriment par trois équations :

- La somme des projections des forces sur un axe horizontal Ox du plan **est nulle.**
- La somme des projections des forces sur axe vertical Oy du plan **est nulle.**
- La somme des moments pris par rapport à un point quelconque du plan **est nulle.**

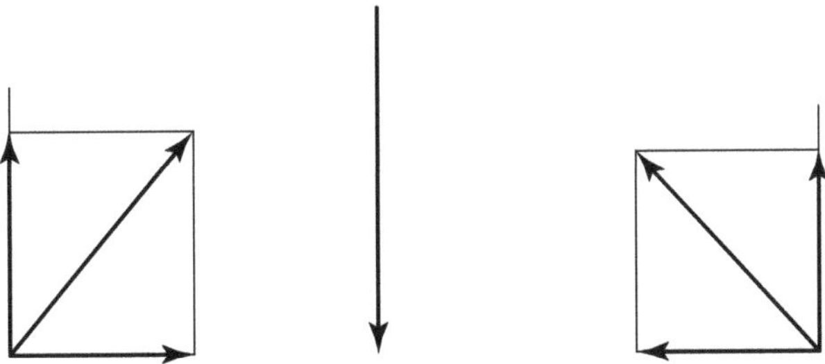

Figure 1.11. Forces en équilibre dans un plan vertical.

Lorsque le nombre d'inconnues est égal au nombre d'équations d'équilibre, le système est *isostatique.*

Dans le cas où le nombre d'inconnues est supérieur à ce nombre d'équations, il n'est pas possible de résoudre le problème par les seules équations de la statique : le système est *hyperstatique.*[6]

5. La qualité d'indéformabilité du solide est indispensable, tout au moins pendant la durée de l'équilibre considéré, sinon le point d'application des différentes forces se déplacerait et la valeur du moment résultant varierait.
6. Pourtant nous verrons par la suite qu'il est possible de résoudre les problèmes en utilisant la notion de déformation infinitésimale des ouvrages considérés.

Remarques

1. Dans le cas où les forces sont toutes horizontales il n'y a plus que deux équations.

2. Il n'y a qu'une seule équation des moments ; toutefois il peut être intéressant, pour le calcul, de déterminer l'équilibre des moments successivement par rapport à deux points différents. Il ne s'agit pas alors d'une équation supplémentaire, mais d'une combinaison des équations relatives à l'équilibre des moments et à l'équilibre des forces.

3. De la même façon qu'il y a des réactions d'appui, il peut exister des moments d'appui (appelés aussi moments d'encastrement).

Par exemple, dans le cas d'une console encastrée en A dans un mur (fig. 1.12), l'équilibre ne peut être obtenu que s'il existe, à la fois :

- une réaction $\overrightarrow{R_A}$ dirigée vers le haut, s'opposant à la chute de la console ;
- un moment d'encastrement $\overrightarrow{M_A}$, négatif, s'opposant à la rotation de la console vers la droite, sous l'effet des forces qui lui sont appliquées.

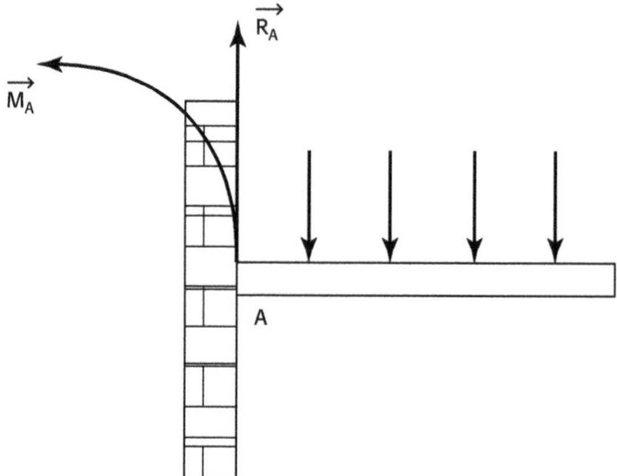

Figure 1.12. Console encastrée dans un mur.

1.4 Éléments de statique graphique

1.4.1 Composition des forces d'un solide

Nous allons examiner une méthode graphique de composition des forces selon plusieurs cas de figure distincts.

1.4.1.1 Polygone de Varignon

Rappelons qu'un tel polygone (appelé aussi *polygone dynamique ou, plus simplement, dynamique)* se construit en ajoutant les vecteurs représentatifs des différentes forces, à partir d'un point de départ A.

Prenons le cas de forces issues d'un même point :

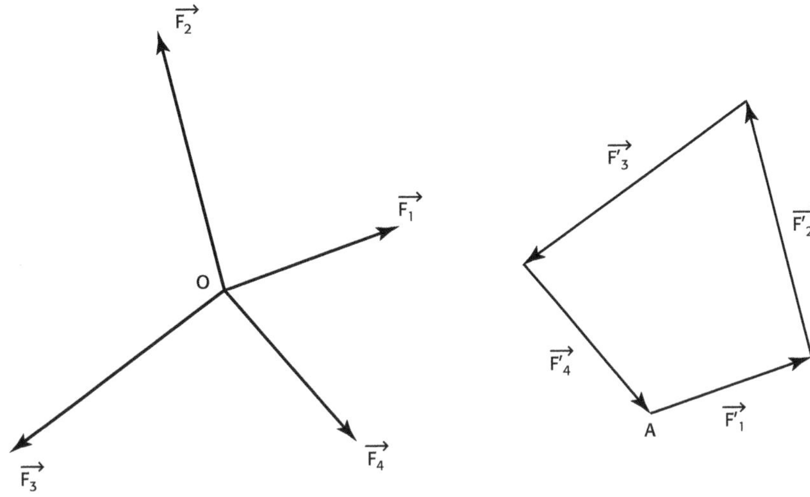

Figure 1.13.

Dans le cas ci-dessus, le dynamique est fermé : la résultante des forces est donc nulle ce qui indique que le système des 4 forces est en équilibre.

1.4.1.2 Forces concourantes

Nous avons vu ce cas, ci-dessus, mais en général le système n'est pas en équilibre et les forces admettent une résultante.

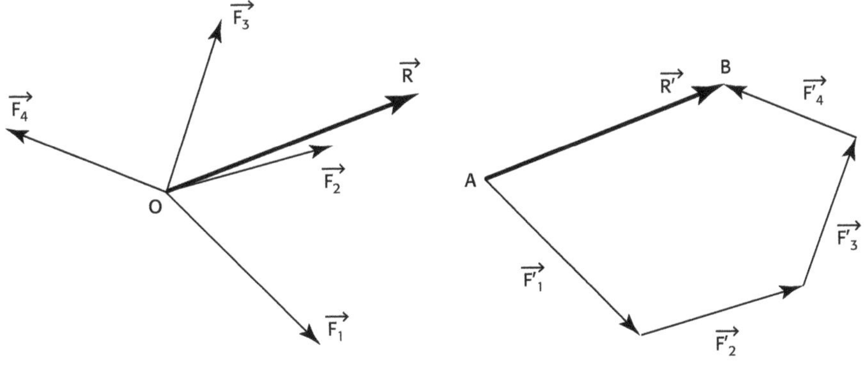

Figure 1.14.

Considérons les 4 forces du dessin de gauche de la figure 1.14 et construisons le dynamique (dessin de droite).

Ce dynamique démarre au point A et se termine au point B : il est donc ouvert, ce qui est normal, puisque les forces admettent une résultante.

Si l'on considère le vecteur $\overrightarrow{AB}$ qui ferme le dynamique, nous avons alors un système en équilibre et l'on peut écrire :

$$\overrightarrow{F_1} + \overrightarrow{F_2} + \overrightarrow{F_3} + \overrightarrow{F_4} + \overrightarrow{BA} = 0$$

Il en résulte que le vecteur $\overrightarrow{BA}$ est égal et opposé à la résultante des forces.

On a donc $\overrightarrow{R} = \overrightarrow{AB}$.

1.4.1.3 Forces non concourantes

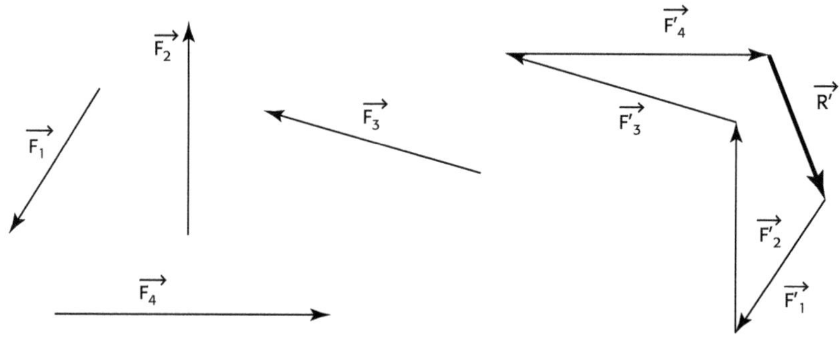

Figure 1.15.

Considérons les quatre forces du dessin de gauche de la figure 1.15

Le dynamique (dessin de droite) permet de déterminer un vecteur équipollent à la résultante des forces, comme nous l'avons vu précédemment pour les forces concourantes

Pour autant, on ne connaît pas la position de la droite support de la résultante $\overrightarrow{R}$.

Pour la déterminer, nous allons établir une construction appelée *polygone funiculaire* (du latin *funiculus* : cordelette).

D'un point O quelconque du plan, on joint les extrémités du polygone des forces de la figure 1.15.

On obtient ainsi des segments de droite : Oa_1, Oa_2, ...Oa_5 que l'on appelle *rayons vecteurs.*

La figure 1.16 constituée par le dynamique, le pôle O et les rayons vecteurs s'appelle la *figure réciproque.*

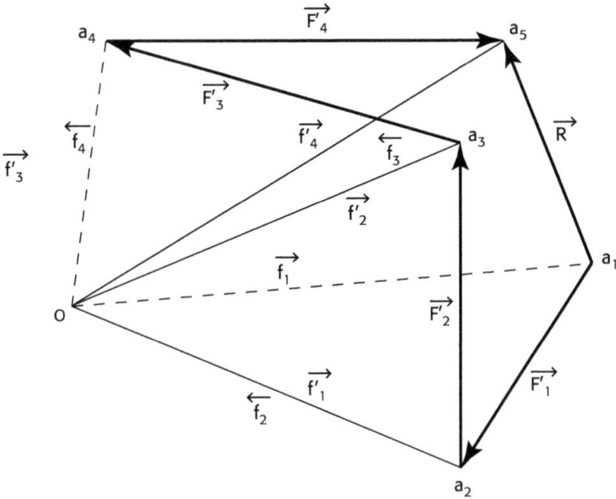

Figure 1.16. Figure réciproque.

Pour construire le funiculaire, on considère un point quelconque A du plan, à partir duquel on mène une parallèle A A_1 au rayon vecteur Oa1 que l'on arrête au point A_1 d'intersection avec la droite support de la force $\overrightarrow{F_1}$.

À partir de A_1, on mène une parallèle A_1 A_2 au rayon vecteur Oa_2 que l'on arrête à son intersection A_2 avec la droite support de la force $\overrightarrow{F_2}$, et ainsi de suite.

De la même manière qu'il existe une infinité de figures réciproques, puisque le choix du point O est libre, il existe une infinité de funiculaires (et même une double infinité, puisque le choix du point de départ A est aussi libre).

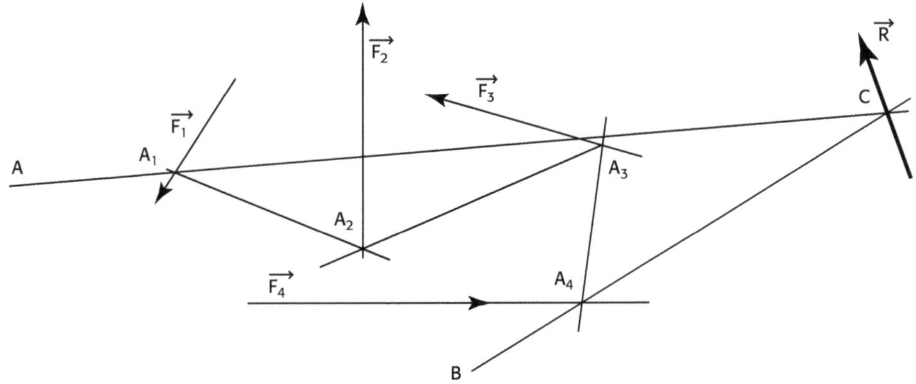

Figure 1.17. Funiculaire.

1.4.2 Détermination de la résultante du système de forces

Sur la figure 1.16, la résultante des forces est représentée par le vecteur $\overrightarrow{a_1a_5}$ qui ferme le dynamique. Si nous arrivons à déterminer un point de la droite support, nous aurons déterminé la position de la résultante.

Reprenons la figure réciproque (fig. 1.16) : si nous supposons que les vecteurs $\overrightarrow{a_1O}$ et $\overrightarrow{Oa_2}$ représentent des forces $\overrightarrow{f_1}$ et $\overrightarrow{f'_1}$, nous voyons immédiatement que la résultante de ces deux forces est la force $\overrightarrow{F_1}$ représentée sur le dynamique par le vecteur $\overrightarrow{a_1a_2}$ (fig. 1.18).

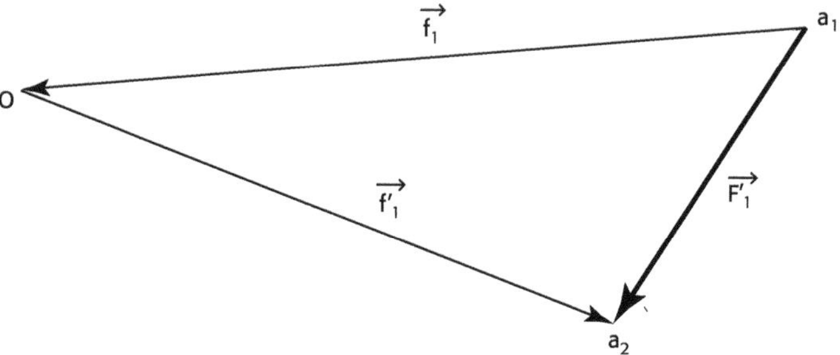

Figure 1.18.

De même pour les forces $\overrightarrow{f_2}$ et $\overrightarrow{f'_2}$, dont la résultante est la force $\overrightarrow{F_2}$, etc.

Si nous revenons au polygone funiculaire, nous ne changerons pas les conditions d'équilibre du système, si nous remplaçons la force $\overrightarrow{F_1}$ par les deux forces $\overrightarrow{f_1}$ et $\overrightarrow{f'_1}$, l'une portée par le support A A_1 et l'autre par le support A A_2 ; et ainsi de suite.

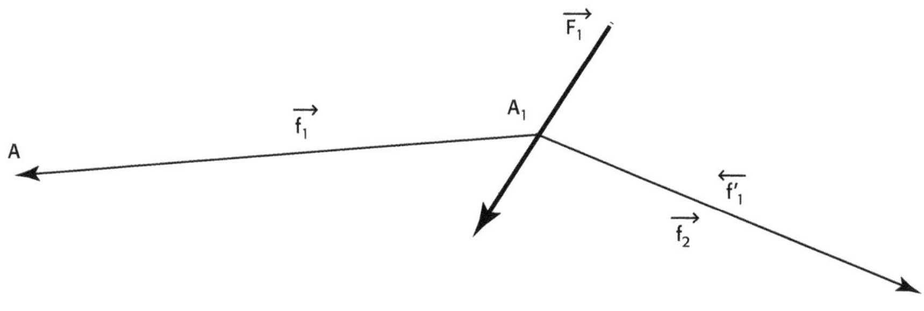

Figure 1.19.

Il y a donc équivalence entre les systèmes de forces :

$$\{\overrightarrow{F_1}, \overrightarrow{F_2}, \overrightarrow{F_3} \text{ et } \overrightarrow{F_4}\} \quad \text{et} \quad \{\overrightarrow{f_1}, \overrightarrow{f'_1}, \overrightarrow{f_2}, \overrightarrow{f'_2}, \text{etc.}\}$$

Mais les forces $\overrightarrow{f'_1}$ et $\overrightarrow{f_2}$ sont égales (elles ont la même grandeur Oa_2) et opposées. Elles s'annulent donc l'une l'autre, et de même pour les forces $\overrightarrow{f'_2}$ et $\overrightarrow{f_3}$, etc.

Finalement, il ne reste plus sur le funiculaire que 2 forces : $\overrightarrow{f_1}$ et $\overrightarrow{f'_4}$, système équivalent au système des 4 forces initiales $\{\overrightarrow{F_1}, \overrightarrow{F_2}, \overrightarrow{F_3} \text{ et } \overrightarrow{F_4}\}$.

On retrouve bien ce résultat en considérant le triangle Oa_1a_5 de la figure réciproque :

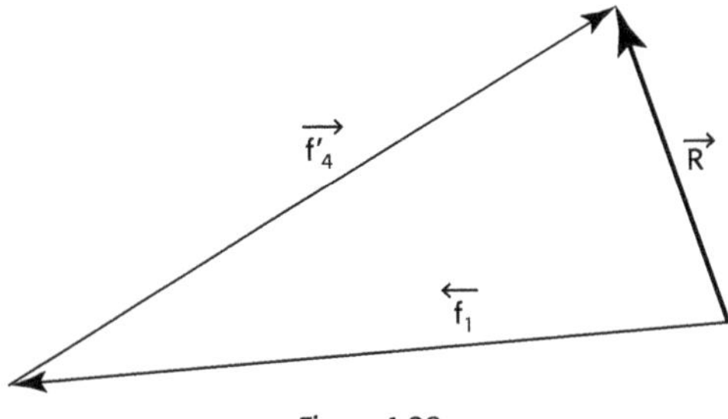

Figure 1.20.

De ce fait, la résultante $\overrightarrow{R}$ du système précédent passe par l'intersection des forces $\overrightarrow{f_1}$ et $\overrightarrow{f'_4}$, c'est-à-dire par **le point de concours des côtés extrêmes du funiculaire.**

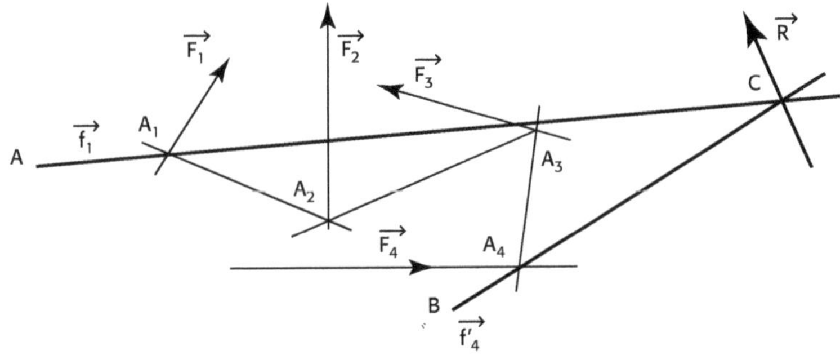

Figure. 1.21.

On peut résumer la démonstration précédente de la façon suivante :

Si l'on construit un dynamique, puis un funiculaire d'un système de forces, la résultante de ce système passe par le point d'intersection des côtés extrêmes du funiculaire, et elle est égale, parallèle et de même sens que la force représentée par la fermeture du dynamique.

Différents cas de figure sont possibles :

1er cas : le dynamique est ouvert ainsi que le funiculaire : c'est le cas général ; le système admet une résultante.

2e cas : le dynamique est fermé ainsi que le funiculaire : la résultante est nulle et le système est en équilibre.

3e cas : le dynamique est fermé et le funiculaire est ouvert

Nous allons prendre un exemple :

On considère le système de 3 forces ci-dessous :

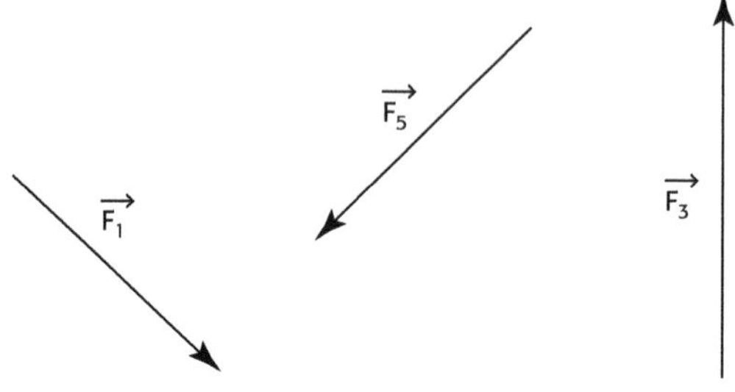

Figure 1.22.

Nous allons construire le dynamique et le funiculaire des ces trois forces.

Tout d'abord, le dynamique. Nous constatons qu'il est fermé.

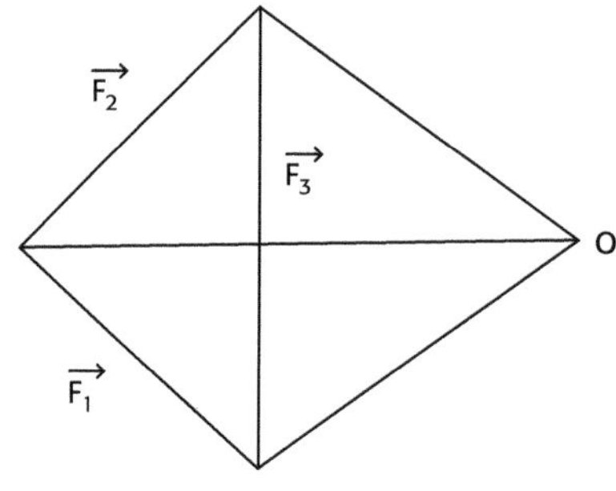

Figure 1.23.

Ensuite, le funiculaire :

Nous constatons que les deux droites extrêmes du funiculaire sont parallèles.

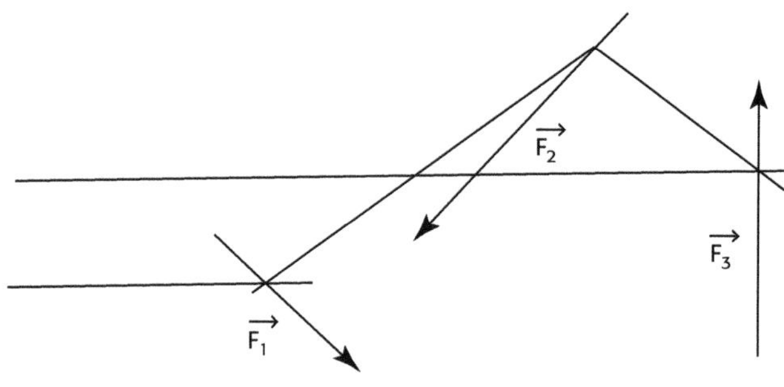

Figure 1.24.

Nous avons donc un système pour lequel la somme des forces est nulle, mais pour lequel le moment résultant n'est pas nul. **Nous avons affaire à un couple.**

Nous pouvons le vérifier rapidement en composant les forces $\overrightarrow{F_1}$ et $\overrightarrow{F_2}$. Nous voyons que leur résultante est une force $\overrightarrow{F_4}$ égale et opposée à $\overrightarrow{F_3}$:

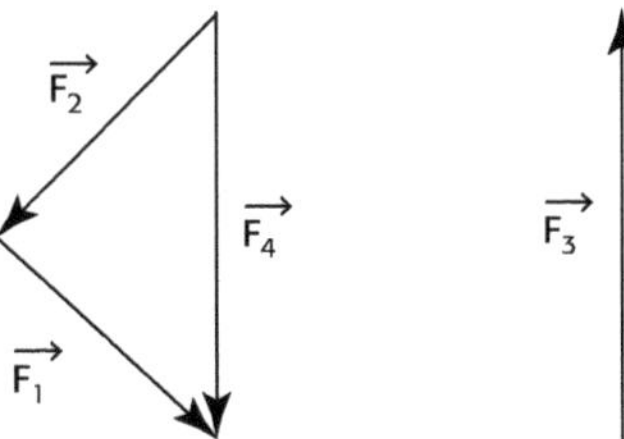

Figure 1.25.

Cas de forces parallèles

La méthode précédente de détermination de la résultante s'applique intégralement, avec une simplification pour le dynamique, car les vecteurs représentant les forces ont même support.

Nous donnerons simplement l'exemple suivant, sans explication supplémentaire.

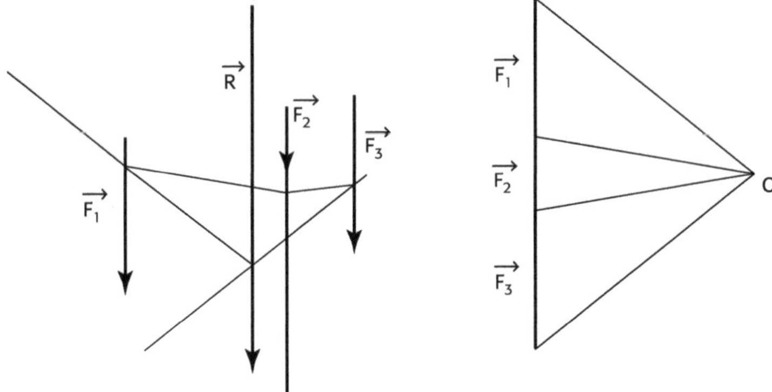

Figure 1.26.

Exercice

Poutre sur appuis simples : calcul des réactions d'appui

Énoncé

Considérons une poutre AB posée sur deux appuis simples disposés sur une même ligne horizontale. On suppose que cette poutre a un poids négligeable, mais qu'elle est soumise à l'action d'une force $\vec{P}$ concentrée au point C et d'intensité égale à P newtons (fig. 1.27).

Calculer les réactions d'appui.

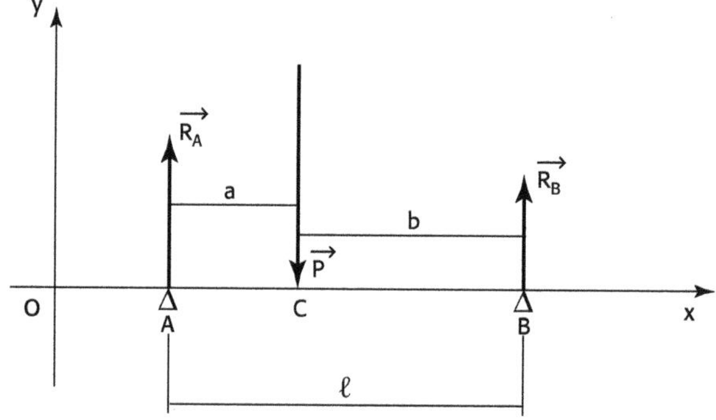

Figure 1.27. Poutre sur appuis simples.

Solution

Nous verrons (paragraphe 4.2.2) que les réactions d'appui sont des forces verticales. Il est alors possible de calculer ces réactions d'appui en appliquant les équations de la statique. Elles sont au nombre de deux, aucune des forces n'ayant de composante dirigée selon l'axe horizontal Ox.

Le nombre d'inconnues étant également de deux : les réactions $\vec{R_A}$ et $\vec{R_B}$, le système est bien isostatique.

Les deux équations d'équilibre s'écrivent :

1. Résultante générale nulle :

$$\vec{R_A} + \vec{R_B} - \vec{P} = 0 \qquad (1.3)$$

Dans le cas simple considéré, il est évident, du point de vue physique, que $\vec{R_A}$ et $\vec{R_B}$ sont dirigées vers le haut, dans la mesure où le poids $\vec{P}$ est dirigé vers le bas, mais nous allons le démontrer.

2. Moment résultant nul :

Ce moment peut être déterminé par rapport à tout point du plan. Toutefois, il est astucieux de le choisir par rapport à un point de passage du support d'une réaction à déterminer : le moment par rapport à un point d'une force passant par ce point étant nul, on se libère de cette inconnue.

Calculons, par exemple, le moment par rapport au point B :

Le moment de la réaction $\overrightarrow{R_A}$ vaut $R_A \times \ell$

Le moment du poids $\overrightarrow{P}$ est égal à $-P \times b$ (selon la convention de signe précisée ci-dessus).

Le moment de la réaction $\overrightarrow{R_B}$ est nul.

On obtient donc l'équation : $R_A \times \ell - P \times b = 0$.

D'où :

$$R_A = \frac{P \times b}{\ell} \qquad (1.4)$$

Ce qui nécessite que R_A soit positif, donc la réaction est dirigée vers le haut.

En reportant dans (1.3), on trouve :

$$R_B = \frac{P \times a}{\ell},$$

ce qui donne une valeur positive, comme prévu.

Remarque

Après avoir trouvé la valeur de R_A, il aurait possible de calculer R_B en déterminant son moment par rapport à A pour obtenir le même résultat. Il est conseillé d'utiliser cette deuxième méthode et de vérifier ensuite que la résultante générale est nulle. En effet, si l'on s'est trompé dans la première équation, donc sur le calcul de la valeur de R_A, on trouvera forcément une valeur fausse de R_B alors que l'on se croira rassuré par la vérification de l'équation (1.3).

Exercice

Poutre avec double appui simple : calcul des réactions d'appui

Énoncé

Considérons le système ci-après (fig. 1.28) , dans lequel B est un appui simple (réaction verticale obligatoirement dirigée vers le haut), A est un double appui simple (réaction verticale, mais pouvant être dirigée indifféremment vers le bas ou vers le haut).

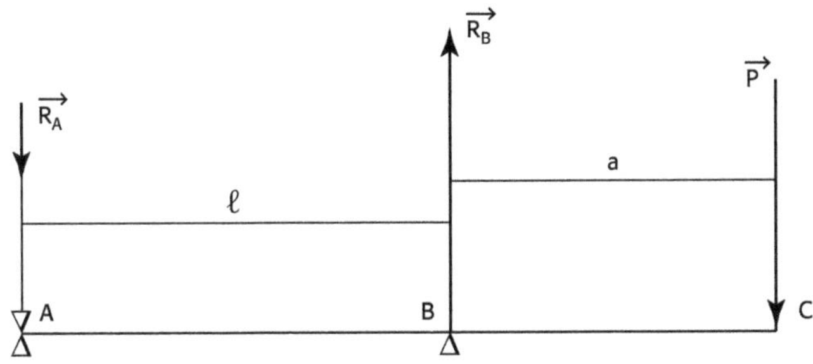

Figure 1.28.

Calculer les réactions d'appui R_A et R_B :

1. dans le cas où P = – 1 000 N ; λ = 5 m ; a = 3 m
2. dans le cas où P = – 25 000 N ; λ = 8 m ; a = 4 m

Solution

1. P = –1 000 N/R_A = – 600 N ; R_B = + 1 600 N
2. P = –25 000 N/R_A = – 12 500 N ; R_B = + 37 500 N

Exercice

Statique graphique

Énoncé

Trouver, par dynamique et funiculaire, la résultante du système de forces défini dans le dessin ci-après (fig. 1.29).

On prendra pour échelle : 2 cm = 10 N et 2 cm = 1 m

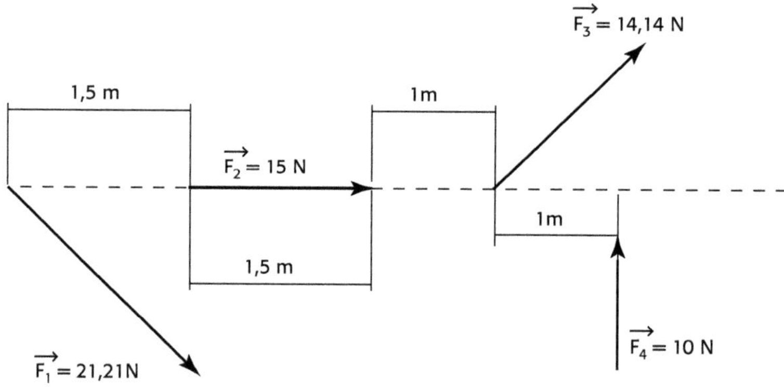

Figure 1.29.

Solution

On trace d'abord le dynamique (à droite) puis le funiculaire.

L'intersection des parallèles aux droites extrêmes du dynamique (OA et OE), portées sur le funiculaire, donne le point de passage de la résultante.

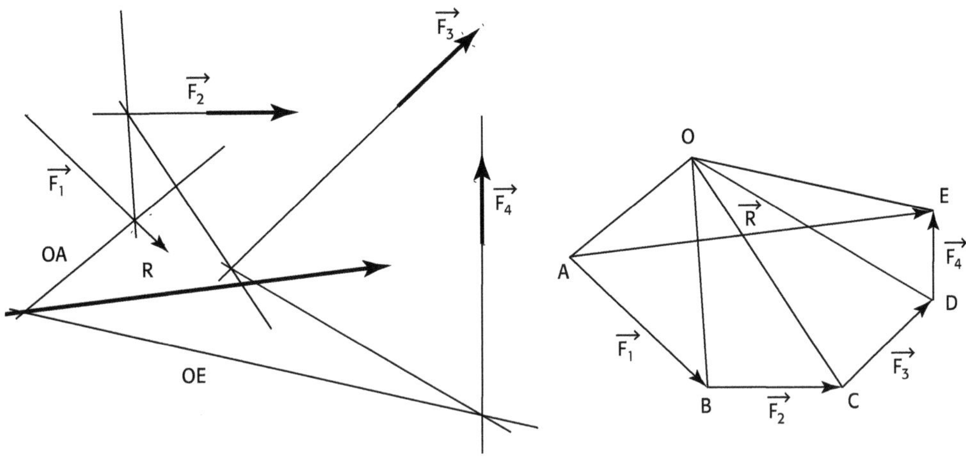

Figure 1.30.

La valeur mesurée de la résultante est de 40,3 N.

Nota

Le calcul donne pour la résultante :

$$X_R = 15 + 15 + 10 = 40 \text{ kN}$$
$$Y_R = -15 + 10 + 10 = 5$$

D'où $R = \sqrt{40^2 + 5^2} = 40{,}31$ kN.

De même, si l'on prend le moment des forces par rapport au point A de départ de la force F_1, on trouve M = -10 × 4 - 10 × 5 = -90 mN.

Ce moment étant égal à celui de la résultante pris par rapport au même point, on trouve pour la distance de la résultante au point A la valeur d = 90/40,31 = 2,23 cm.

En mesurant sur le dessin, on trouve une valeur sensiblement égale.

À noter également que le moment est négatif. Donc, par rapport à un observateur situé en A, la résultante doit être dirigée vers la gauche, ce qui est le cas.

CHAPITRE 2

Moment statique et moment d'inertie d'une surface

2.1 Moment statique

Considérons une surface plane (S) et un axe xx' (fig. 2.1).

Soit s une petite surface élémentaire à l'intérieur de la surface plane (S).

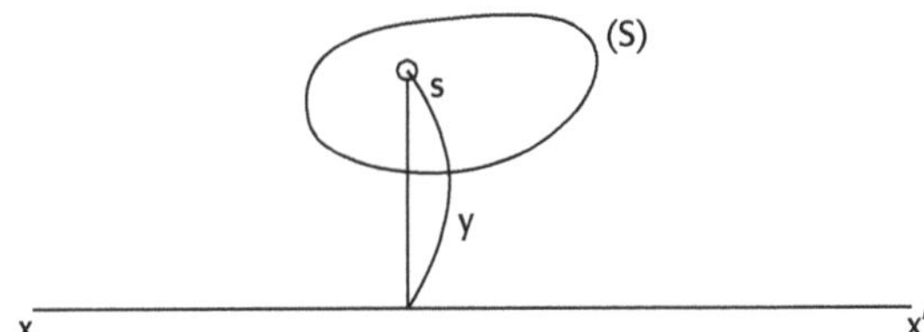

Figure 2.1. Surface élémentaire dans une surface plane.

Le *moment statique* de s par rapport à xx' est défini par le produit $s \cdot y$ de la surface s par sa distance y à l'axe considéré ; y doit être affecté d'un signe conventionnel positif (+) ou négatif (–) selon que la surface s est d'un côté ou de l'autre de l'axe xx'. (Par exemple, positif vers le haut).

Par extension, le moment statique de la surface (S) est la somme de tous les moments statiques des surfaces élémentaires, soit :

$$m(S)/xx' = \Sigma\,(s \cdot y)$$

Le centre de gravité de la surface est un point G tel que, calculé par rapport à un axe quelconque passant par ce point, le moment statique soit nul.

Si l'axe xx' est un axe passant par G, on obtient :

$$m(S)/xx' = \Sigma\ (s \cdot y0) = 0$$

Remarques

1. Si l'on considère le moment statique par rapport à un autre axe XX' parallèle à l'axe xx' et distant de d de celui-ci (fig. 2.2), le moment statique par rapport à l'axe XX' est égal au moment statique par rapport à l'axe xx' augmenté du produit S · d de la surface S par la distance d des deux axes (en faisant attention au signe de d suivant les positions respectives des axes xx' et XX' par rapport à la surface (S)).

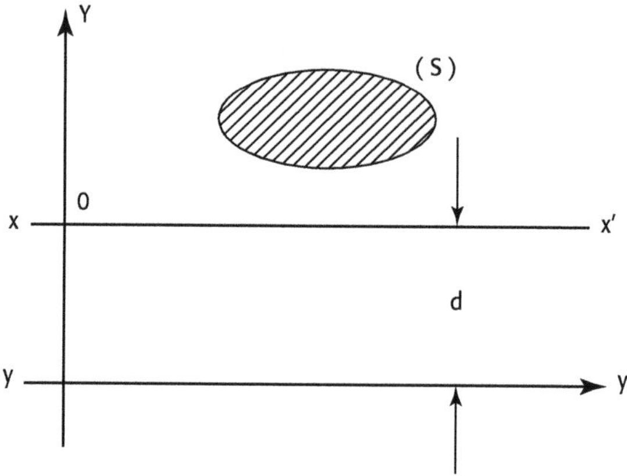

Figure 2.2. Moment statique par rapport à un axe parallèle.

En effet, on a : $\Sigma\,(s(y+d)) = \Sigma\,(s \cdot y) + \Sigma(s \cdot d) = \Sigma\,(s \cdot y) + d \cdot \Sigma\,\sigma = m(S)/xx' + d \cdot S$

Si l'axe initial xx' passe par le centre de gravité G, le moment statique est égal à d · S.

2. Le moment statique d'une surface par rapport à un axe de symétrie est nul, puisque cet axe passe par son centre de gravité.

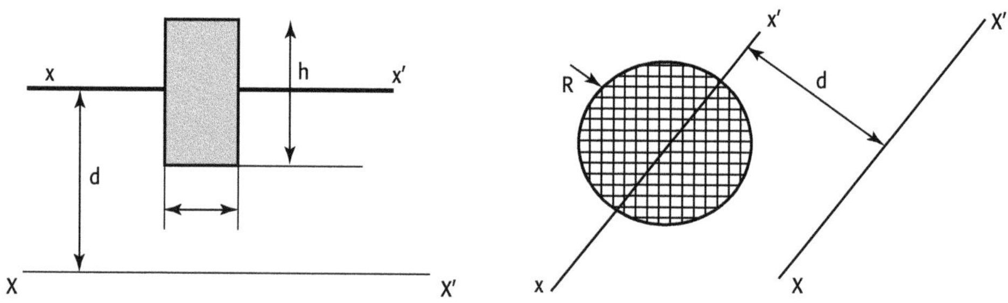

Figure 2.3. Moments statiques d'un rectangle et d'un cercle.

En appliquant les deux remarques précédentes et en tenant compte du signe des moments, on remarque que le moment statique du rectangle par rapport à l'axe xx' est nul, donc le moment statique par rapport à XX' est égal à b · h · d.

De même, le moment statique du cercle par rapport à l'axe XX' est égal à $p \cdot R^2 \cdot d$ (fig. 2.3).

Le moment statique est homogène à un volume. Il s'exprime donc en cm^2, mm^2, etc.

2.2 Moment d'inertie

Le moment d'inertie d'une surface (S) plane, par rapport à un axe xx', est la somme des produits des surfaces élémentaires s *infiniment petites,* par le carré de leur distance à cet axe. (Ce moment est également appelé « moment quadratique ».)

Il est possible de se ramener au moment d'inertie pris par rapport à un axe passant par le centre de gravité, à l'aide du théorème suivant (théorème de Huygens) (fig. 2.4) :

Le moment d'inertie d'une surface plane par rapport à un axe quelconque situé dans le plan de cette surface est égal au moment d'inertie par rapport à un axe parallèle passant par le centre de gravité, augmenté du produit de la grandeur de la surface par le carré de la distance des axes.

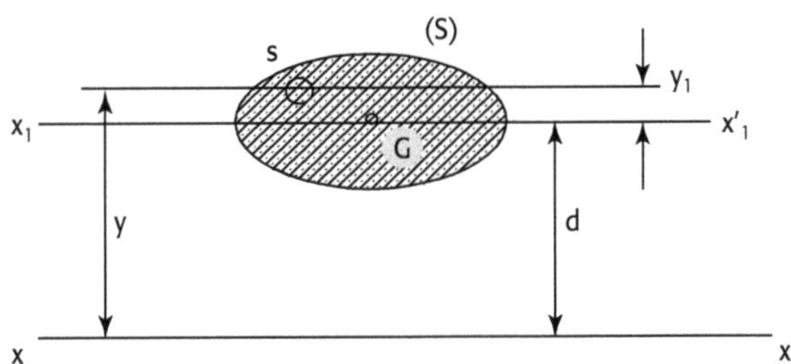

Figure 2.4. Moment d'inertie d'une section par rapport à un axe et par rapport à un axe passant par le centre de gravité.

$$I/xx' = \Sigma(y^2 \cdot s) \quad ; \quad I/xx' = I/x_1x'_1 + S \cdot d^2$$

En effet, en appelant y_1 la distance à l'axe $x_1x'_1$ de la surface élémentaire s, on obtient :

$$I/xx' = \Sigma(y^2s) = \Sigma(y_1 + d)^2s = \Sigma(y_1^2s) + 2d\,\Sigma(y_1s) + d^2\,\Sigma\,s.$$

Or : $$\Sigma(y_1^2s) = I/x_1x'_1$$

$\Sigma(y_1s)$ = moment statique par rapport à $x_1x'_1 = 0$ (moment statique par rapport à un axe passant par le centre de gravité)

$$\Sigma\,s = S$$

On a bien : $I/xx' = I/x_1x'_1 + Sd^2$

Le moment d'inertie est homogène à une longueur à la puissance quatre. Il s'exprime donc en cm^4, mm^4, etc.

2.3 Module d'inertie

Le module d'inertie est défini comme étant le quotient du moment d'inertie par la distance de la fibre extrême à l'axe passant le centre de gravité (fig. 2.5).

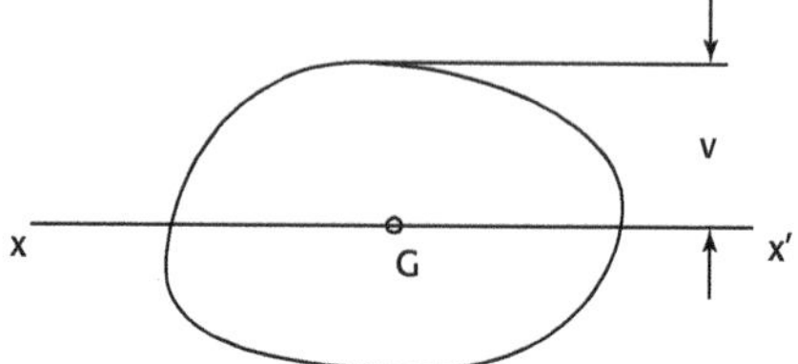

Figure 2.5. Fibre extrême.

Soit v cette distance, le module d'inertie est alors I/v.

Il est également appelé module de résistance, puisqu'il intervient dans le calcul des contraintes dans les pièces fléchies (voir paragraphe 5.2.1).

Il n'existe évidemment qu'un seul module d'inertie pour une section symétrique, mais il y en a deux pour une section dissymétrique :

I/v et I/v' correspondant aux deux fibres extrêmes (fig. 2.6)

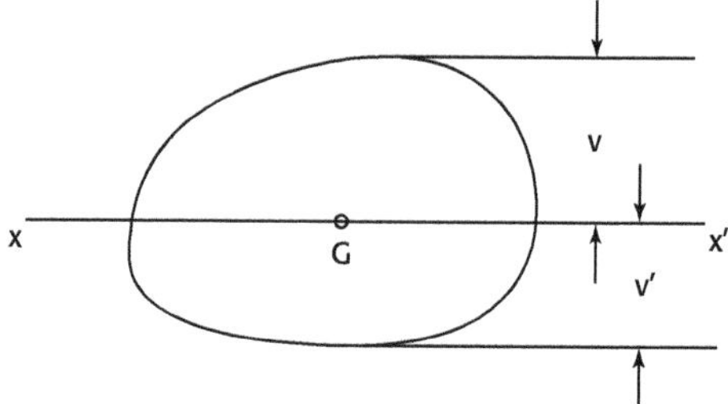

Figure 2.6. Fibres extrêmes dans une section dissymétrique.

Un module d'inertie est homogène à une longueur à la puissance trois. Il s'exprime donc, comme un volume, en cm^3, mm^3, etc.

2.4 Tableau des différents moments et modules pour les figures simples

Figures	Moment statique	Moment d'inertie	Module d'inertie
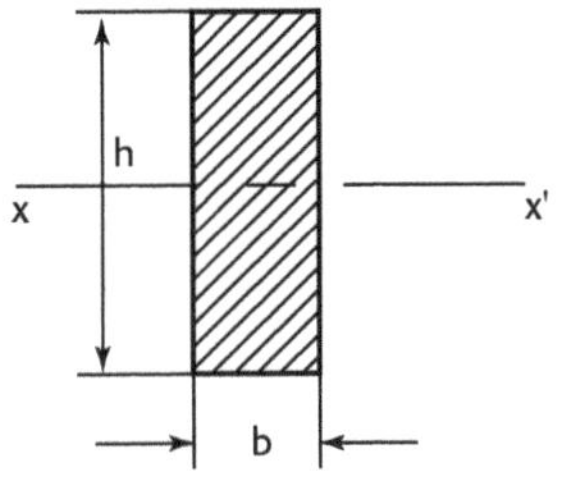	nul	$\frac{bh^3}{12}$	$\frac{bh^2}{6}$
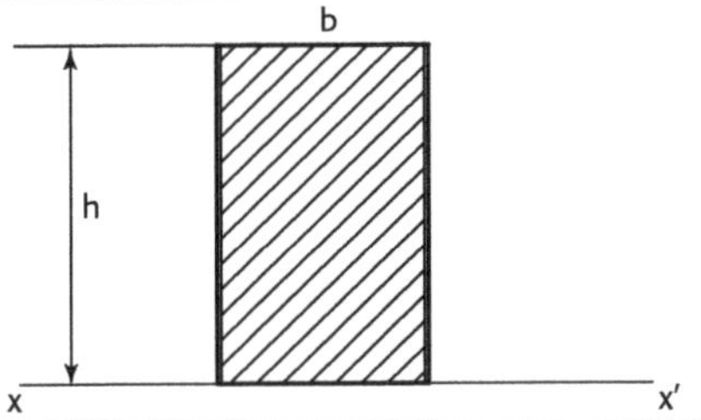	$\frac{bh^2}{2}$	$\frac{bh^3}{3}$	$\frac{bh^2}{3}$
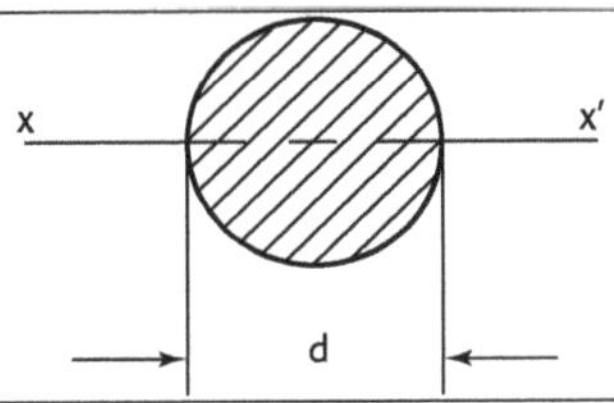	nul	$\frac{\pi d^4}{64}$	$\frac{\pi d^3}{32}$
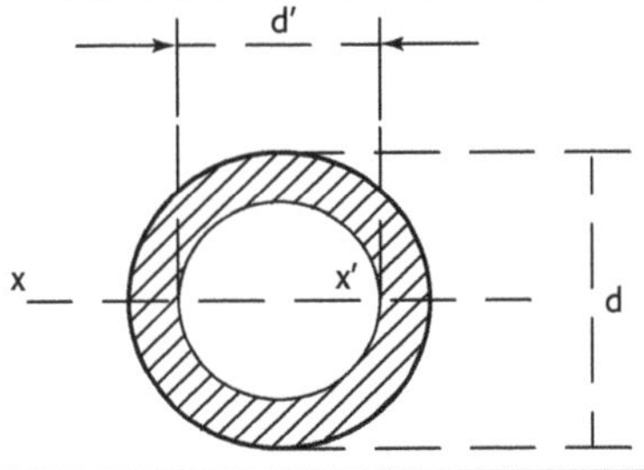	nul	$\frac{\pi(d^4 - d'^4)}{64}$	$\frac{\pi(d^4 - d'^4)}{32d}$
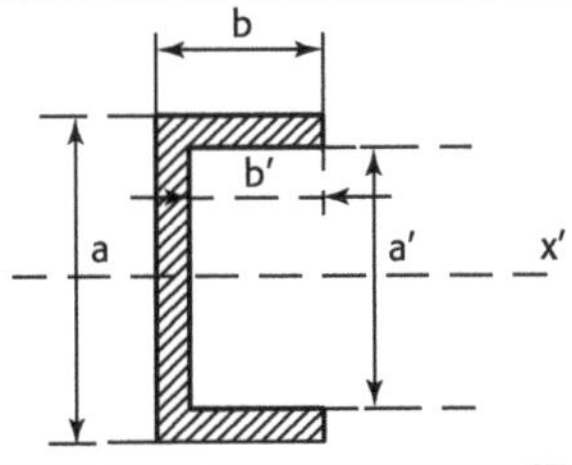	nul	$\frac{ba^3 - b'a'^3}{12}$	$\frac{ba^3 - b'a'^3}{6a}$

Tableau 2.1. Les différents moments et modules d'inertie.

Démonstration des résultats pour le rectangle et le cercle.

A. Calcul du moment d'inertie d'un rectangle

1. Calcul par rapport à l'axe de symétrie horizontal

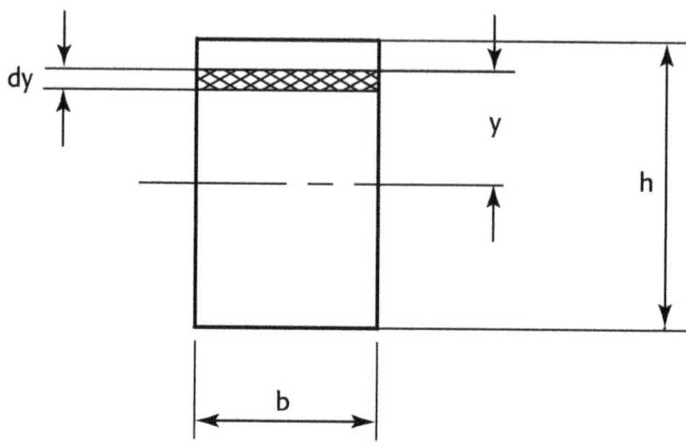

Figure 2.7. Cas du rectangle.

Pour le calcul direct, on considère un petit rectangle élémentaire de largeur b et d'épaisseur dy, situé à la distance y de l'axe de symétrie horizontal.

Par définition, le moment d'inertie est égal à

$$\int_{-h/2}^{+h/2} by^2dy = \left[\frac{by^3}{3}\right]_{-h/2}^{+h/2} = \frac{2\,bh^3}{24} = \frac{bh^3}{12}$$

Calculons le moment d'inertie par rapport à l'axe passant par la base inférieure :

$$I = \int_0^h by^2dy = \frac{bh^3}{3}$$

On peut passer d'un résultat à l'autre par le théorème de Huygens.

Par exemple, le moment d'inertie par rapport à la base est égal au moment d'inertie par rapport à l'axe passant par le centre de gravité augmenté du produit (S · d2) où

$$S = bh \text{ et } d = h/2 \text{ d'où } Sd^2 = \frac{bh^3}{4} \text{ et } I_{base} = \frac{bh^3}{12} + \frac{bh^3}{4} = \frac{bh^3}{3}.$$

On retrouve bien le résultat obtenu par le calcul direct.

B. Moment d'inertie d'un cercle

Pour calculer facilement le moment d'inertie d'un cercle par rapport à un diamètre, il faut d'abord calculer le moment d'inertie polaire de ce cercle.

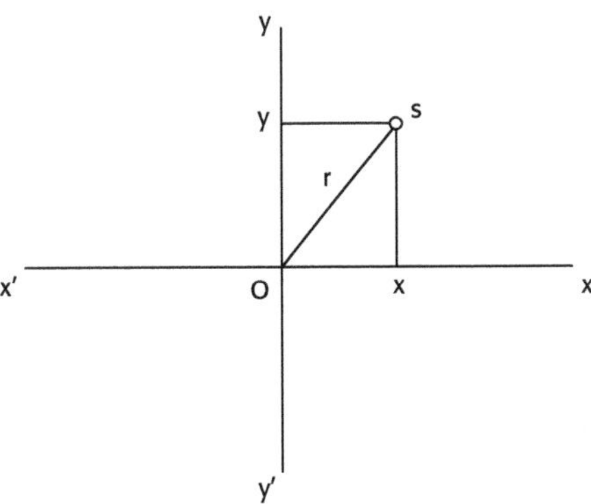

Figure 2.8. Moment d'inertie polaire.

Si l'on considère une petite surface élémentaire s, située à la distance r d'un point O, le moment d'inertie polaire de cette surface par rapport à O est r^2s.

Le moment d'inertie de la surface s par rapport à x'x est égal à $y^2 \cdot s$ et le moment d'inertie de cette surface par rapport à y'y est égal à $x^2 \cdot s$.

Comme $r^2 = x^2 + y^2$, on voit que le moment d'inertie polaire est égal à la somme du moment d'inertie par rapport à x'x et du moment d'inertie par rapport à y'y.

Compte tenu des symétries du cercle, il est évident que le moment d'inertie d'un cercle par rapport à un diamètre est égal au moment d'inertie pris par rapport à un diamètre perpendiculaire. Il en résulte que le moment d'inertie polaire est égal à deux fois le moment d'inertie par rapport à un diamètre.

Le moment d'inertie polaire d'un cercle peut se calculer selon l'une ou l'autre méthode ci-après :

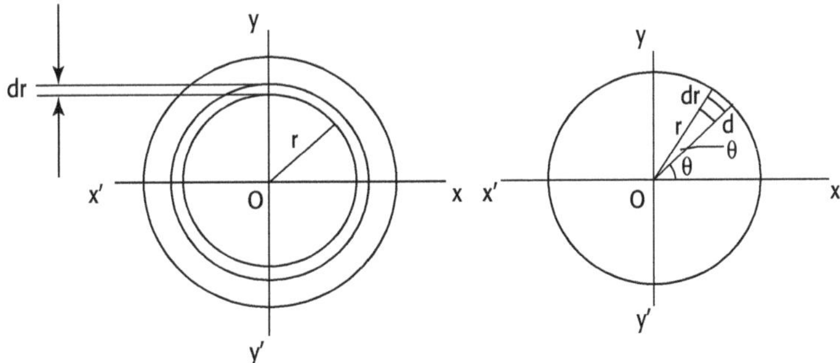

Figure 2.9. Méthodes de calcul du moment d'inertie polaire pour un cercle.

1ère méthode (fig. 2.9 à gauche)

On considère un anneau d'épaisseur dr, situé à la distance r du centre O.

La surface de cet anneau est égale à $2\pi r dr$ et le moment d'inertie polaire est égal à $2\pi r dr \times r^2 = 2\pi r^3 dr$.

En intégrant de r = 0 à r = R, on trouve le moment d'inertie polaire du cercle =

$$2\pi \times \frac{R^4}{4} = \frac{\pi R^4}{2}$$

Le moment d'inertie par rapport à un diamètre est égal à la moitié du moment d'inertie polaire :

$$I/D = \frac{\pi R^4}{4}$$

2e méthode (fig. 2.9 à droite)

On considère une surface élémentaire à l'intérieur d'un secteur élémentaire du cercle d'angle $d\theta$.

La surface élémentaire a pour aire $dr \times r\, d\theta$ et son moment d'inertie polaire est égal à $r^3\, dr\, d\theta$.

Le moment d'inertie polaire est donc l'intégrale double :

$$\iint r^3 dr\, d\theta = \int_0^{2\pi} d\theta \int_0^R r^3 dr = 2\pi \times \frac{R^4}{4} = \frac{\pi R^4}{2}$$

Exercice

Calcul du moment d'inertie et du module d'inertie d'un rectangle évidé

Énoncé

Calculer le moment d'inertie et le module d'inertie par rapport à l'axe de symétrie *xx'*, du rectangle évidé défini par la figure 2.10.

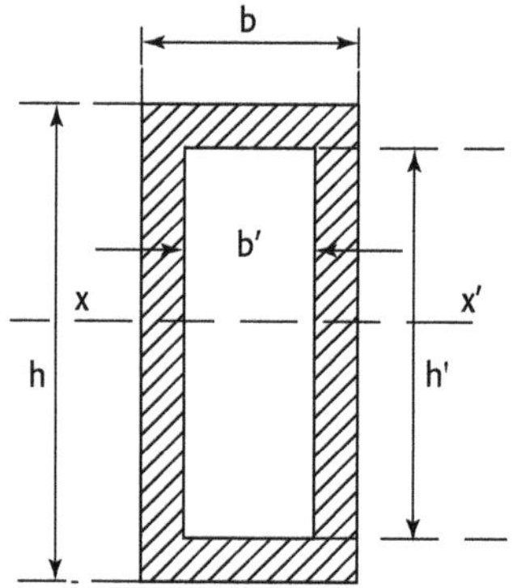

Figure 2.10.

Solution

Ce moment d'inertie est égal au moment d'inertie du grand rectangle, diminué du moment d'inertie du rectangle intérieur, soit :

$$I = \frac{bh^3}{12} - \frac{b'h'^3}{12}$$

Quant au module d'inertie, il est égal au quotient du moment d'inertie par la plus grande distance à l'axe *xx'*, soit $\frac{h}{2}$:

$$\frac{I}{v} = \frac{bh^3 - b'h'^3}{6h}$$

Exercice

Cas d'une cornière

Énoncé

Calculer le moment d'inertie et le module d'inertie de la cornière (fig. 2.11), par rapport à l'axe *xx'*.

Donner ces valeurs si l'axe *xx'* passe par le centre de gravité de la cornière. Le calcul sera effectué avec $\ell = 100$ mm et $e = 10$ mm.

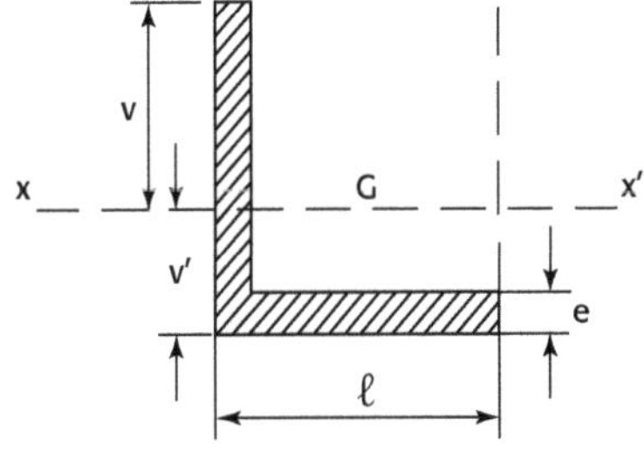

Figure 2.11.

Solution

Cas général

On calcule le moment d'inertie des rectangles circonscrits, puis on déduit les moments d'inertie des rectangles vides :

$$I = \frac{ev^3 + \ell v'^3 - (\ell - e)(v' - e)^3}{3}$$

et le module d'inertie est égal à I/v, puisque v > v'.

Cas où l'axe xx' passe par le centre de gravité G

Calculons d'abord la position de G : la droite D parallèle à l'axe *xx'* passant par le centre de gravité G découpe la cornière en deux parties dont les moments statiques doivent être égaux en valeur absolue, soit :

$$\frac{ev^2}{2} = \frac{ev'^2}{2} + (\ell - e)\,e\left(v' - \frac{e}{2}\right)$$

Cette relation permet de calculer la distance v en fonction de la distance v', et donc v et v' en fonction de la largeur ℓ, puisque $v+v'=\ell$.

Donc : $5v^2 = 5v'^2 + 90 \times 10\,(v'-5)$, soit $(v+v')(v-v') = 180v' - 900$, soit, avec $v+v'= 100 : (v-v') = 1{,}8\,v'-9$ d'où $v = 2{,}8\,v'-9$.

Combiné avec $v+v' = 100$ mm, on obtient $v' = 28{,}684$ mm et $v = 71{,}316$ mm.

La valeur du moment d'inertie est ainsi :

$$I = + \frac{10(71{,}316)^3 + 100(28{,}684)^3 - 90(18{,}684)^3}{3} =$$

$$+ \frac{3\,627\,112 + 2\,360\,091 - 587\,019}{3} = 1\,800\,061 \text{ mm}^4$$

Il est possible de faire une vérification en calculant le moment d'inertie par rapport à la face supérieure de l'aile basse de la cornière, c'est à dire :

$$I = 10(90)^3/3 + 100(10)^3/3 = 2\,463\,333 \text{ mm}^4$$

Pour obtenir le moment d'inertie par rapport au centre de gravité il faut soustraire de la valeur calculée le produit Sd^2 où $S = 10\,000 - 8\,100 = 1\,900$ mm^2 et $d = 28{,}684 - 10 = 18{,}684$ mm, soit une valeur de 663 275 mm^4. Ainsi on obtient $I = 2\,463\,333 - 663\,275 = 1\,800\,058$ mm^4.

Le calcul vérifie le calcul précédent, aux arrondis près.

Exercice

Cas d'un profil en T

Énoncé

Même question pour le fer en té (fig. 2.12), avec b = 100 mm ; h = = 50 mm et e = 10 mm.

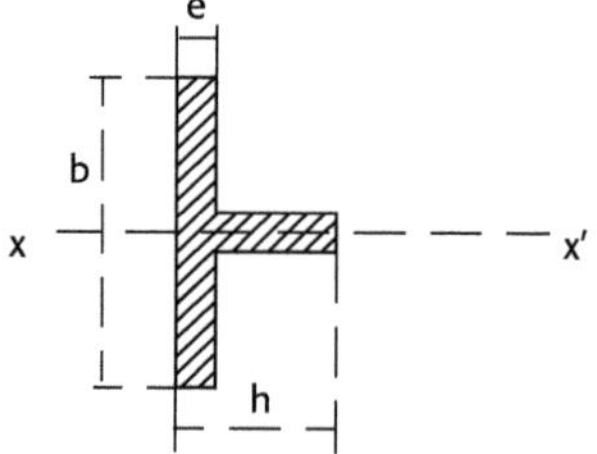

Figure 2.12.

Solution

$$I = \frac{eb^3 + (h-e)e^3}{12} \quad \text{et} \quad \frac{I}{v} = \frac{eb^3 + (h-e)e^3}{6b},$$

soit, avec les données numériques : $I = 836\,666{,}66$ mm^4 et $I/v = 16\,733{,}33$ mm^3.

CHAPITRE 3

Généralités sur la résistance des matériaux

3.1 But de la résistance des matériaux

La résistance des matériaux a pour objectif de donner à l'auteur d'un projet tous les éléments nécessaires pour réaliser une construction stable.

C'est une science qui s'appuie sur la mécanique rationnelle, en particulier la statique ; mais si la statique ne considère que les actions extérieures appliquées aux systèmes étudiés, la résistance des matériaux, au contraire, pénètre à l'intérieur des systèmes, pour étudier les forces appliquées à chaque élément de la matière, et donc les déformations qui en résultent.

En effet, aucun solide n'est strictement indéformable : sans parler de la dilatation des corps lors d'une augmentation de température, le lecteur a en mémoire la planche qui plie sous une charge, le fil qui s'allonge sous un effort de traction, etc.

Toutefois, si la charge ne dépasse pas une certaine limite, la planche qui plie, le fil qui s'allonge, ne se rompent pas, car il s'établit à la fois un équilibre extérieur (déterminé par la statique) et un équilibre intérieur des liaisons entre éléments du corps solide (déterminé par la résistance des matériaux).

Cet équilibre intérieur amène à définir la notion de *contrainte.*

3.2 Notion de contrainte

Considérons un solide quelconque en équilibre sous l'action de forces extérieures.

En général, ces forces comprennent :

- des forces de volume (forces de pesanteur, forces d'inertie) appliquées à chaque élément de volume du corps ;

- des forces de surface (pression d'un fluide, poussée d'un remblai, charge supportée par une poutre) appliquées à la surface du corps.

Si le corps est en équilibre, le système des forces de volume et des forces de surface est équivalent à zéro.

Imaginons une surface Σ (un plan, par exemple) qui décompose le corps en deux parties (A) et (B). La partie (B) est en équilibre sous l'action des forces extérieures (de volume et de surface) qui lui sont directement appliquées et des réactions exercées par la partie (A) sur la partie (B).

Nous admettrons que l'action exercée par la partie (A) sur la partie (B) est la suivante : sur chaque élément s de la surface de séparation (Σ), (A) exerce sur (B) une force dite *force élastique* $\overrightarrow{f_s} \times s$ appliquée au centre de l'élément s.

Par définition, $\overrightarrow{f}$ est le **vecteur contrainte** relatif à l'élément de surface s.

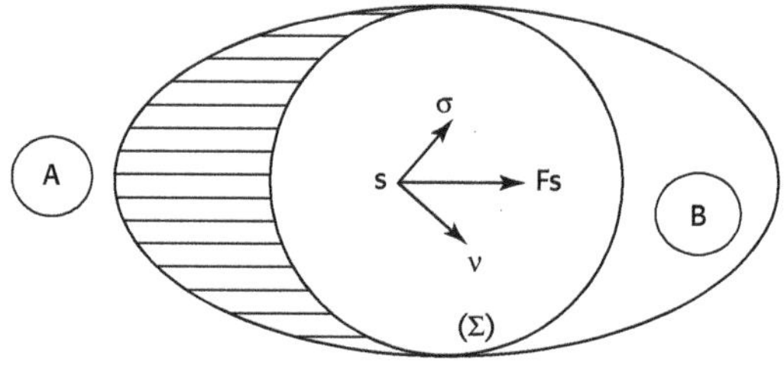

Figure 3.1. Forces élastiques internes.

Le vecteur $\overrightarrow{f}$ dont la direction est quelconque dans l'espace, peut être décomposé :

- en sa projection $\overrightarrow{\sigma}$ sur la normale à l'élément s ; cette projection est la contrainte normale ou pression. Elle peut être une compression ou une traction, suivant que les parties (A) et (B) sont pressées ou non l'une vers l'autre à travers l'élément de surface s ; (par tradition, la mesure algébrique σ du vecteur $\overrightarrow{\sigma}$ est positive dans le cas d'une compression, négative dans le cas d'une traction) ;
- en sa projection $\overrightarrow{v}$ sur le plan tangent à l'élément *s*, appelée *contrainte tangentielle.*

L'ensemble des forces $\overrightarrow{f_s}$ appliquées à la surface Σ forme un système équivalent au système des forces extérieures directement appliquées à la partie (A). En effet, l'un et l'autre de ces systèmes ajouté au système de forces extérieures appliquées à la partie (B) forme un système équivalent à zéro.

On peut trouver une infinité de systèmes de forces $\overrightarrow{f_s}$ équivalents au système des forces extérieures appliquées à (A). Comme indiqué au paragraphe 3.1., la statique ne permet pas de déterminer ces systèmes et il faut donc faire appel à d'autres hypothèses résultant de l'étude expérimentale de la déformation des corps naturels sous l'action des forces qui leur sont appliquées.

La dimension d'une contrainte est celle d'une force divisée par une surface. L'unité est donc l'unité de pression, soit le Pascal (Pa) ou ses multiples, notamment le mégaPascal (MPa) ou éventuellement le *bar* qui correspond à 10^5 Pa (voir Introduction).

3.3 Étude expérimentale de la relation entre contraintes et déformations

Nous considérerons seulement l'essai classique de traction d'une éprouvette en *acier doux*.

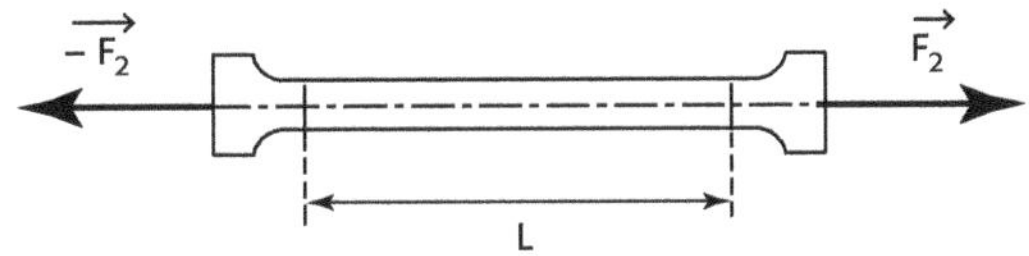

Figure 3.2. Éprouvette d'essai de traction.

L'éprouvette est un cylindre de section circulaire, muni de deux têtes insérées entre les mâchoires de la machine d'essai de traction.

Lorsque l'on exerce un effort de traction $\overrightarrow{F}$ sur l'éprouvette, on produit sur la partie centrale de l'éprouvette un champ de contraintes de traction simple considéré uniforme. La contrainte de l'élément de surface unité est donc une contrainte normale de valeur :

$$\overrightarrow{\sigma} = \frac{\overrightarrow{F}}{S}$$

S désigne la section initiale de l'éprouvette.

À l'aide de comparateurs on mesure l'allongement ΔL de la partie centrale de l'éprouvette. Par la suite, on considère plus particulièrement l'allongement relatif :

$$\varepsilon = \frac{\Delta L}{L}$$

En reportant sur un graphique les résultats de l'essai, on trouve, pour l'acier doux, une courbe (fig. 3.3).

L'abscisse représente l'allongement relatif ε, l'ordonnée la contrainte normale σ.

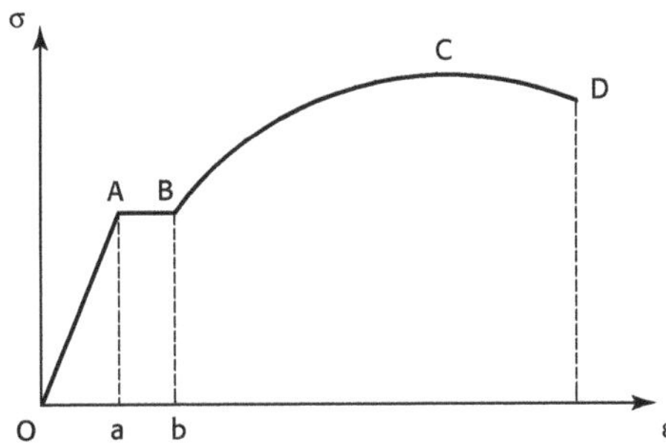

Figure 3.3. Diagramme d'essai de traction.

Cette courbe comprend d'abord une partie rectiligne OA ; l'ordonnée du point A est appelée *limite élastique*, notée σ'_e. La valeur de σ'_e est de l'ordre de 240 MPa pour l'acier doux. Tant que la contrainte est inférieure à cette valeur, c'est à dire tant que l'on se trouve sur le segment OA de la courbe, l'allongement est proportionnel à la contrainte.

En outre, le phénomène est réversible : si l'effort de traction diminue on reste sur la droite OA. Lorsque l'effort de traction est supprimé, on revient au point origine O. Le système est parfaitement élastique.

Concrètement, sous la contrainte $\vec{\sigma}$ le matériau se déforme. L'arrêt d'application de cette même contrainte permet au matériau de reprendre sa forme d'origine.

La partie rectiligne OA permet donc d'écrire :

$$\varepsilon = \frac{-\sigma}{E}$$

Cette relation est la **loi de Hooke.**

Le signe moins est dû à la convention ci-avant donnée, c'est à dire considérer les compressions comme positives et les tractions comme négatives.

E est la pente de la droite OA. On l'appelle **module d'élasticité longitudinal** ou **module de Young.** Ses dimensions sont celles d'une contrainte puisque ε est un nombre sans dimension.

Signalons que l'allongement de la tige produit par l'effet de traction, s'accompagne corrélativement d'un rétrécissement de la section (sensible conservation du volume). La mesure de la variation relative du diamètre Φ (dans le cas étudié) est telle que :

$$\frac{\Delta\Phi}{\Phi} = -\nu\frac{\Delta L}{L} = -\nu\varepsilon$$

où ν est un coefficient sans dimension, appelé **coefficient de Poisson.**

À partir du module d'élasticité E et du coefficient de Poisson ν, est défini un autre module ayant la dimension d'une contrainte :

$$G = \frac{E}{2(1+\nu)}$$

Ce module apparaît dans le calcul des contraintes de cisaillement. Il est appelé module d'élasticité transversal.

La partie OA de la courbe de traction définit le *domaine élastique* de traction ; des essais de compression montrent l'existence d'un domaine élastique de compression. Dans le cas de l'acier, le module d'élasticité E et le coefficient de Poisson ν ont les mêmes valeurs en compression qu'en traction.

Remarque

En considérant un système de contraintes non plus parallèles mais quelconques, on vérifie que les contraintes sont aussi proportionnelles aux déformations, mais celles-ci intervenant selon leurs différentes composantes dans trois directions orthogonales : c'est la *loi de Hooke généralisée.*

Matériaux	n	**E (en MPa)**
Acier doux	0,25 à 0,30	200 000 à 220 000
Acier Invar	0,25 à 0,30	140 000
Aluminium	0,34	7 000
Laiton	0,33	92 000
Bronze	0,31	106 000
Verre	0,25	66 000
Plexiglas	0,30	2 900

Tableau 3.1. Valeurs de E et de v pour différents matériaux.

Les nombres donnés ci-dessus montrent la valeur élevée du module de Young de l'acier et donc sa valeur constructive supérieure à celle des autres matériaux.

Sur la figure 3.3, page précédente, au-delà du point A se situe la zone des déformations non réversibles, donc permanentes. La courbe présente d'abord un palier AB, l'éprouvette s'allongeant sans que l'effort ne change sensiblement de valeur. AB caractérise le *domaine plastique* (pour l'acier doux l'allongement plastique Ob est environ vingt fois plus grand que l'allongement élastique Oa).

Au-delà de la période élastique OA, un faible accroissement de la contrainte donne un allongement important, la courbe se relevant jusqu'à un maximum C correspondant à la *limite de rupture.*

À ce stade apparaît le phénomène de la *striction* : la déformation de l'éprouvette n'est plus homogène ; elle se concentre au voisinage d'une section sensiblement centrale dont l'aire diminue rapidement (fig. 3.4). Le point figuratif décrit alors la partie descendante CD de la courbe, jusqu'à la rupture de l'éprouvette.

La partie descendante n'est d'ailleurs observée que parce que le calcul de la contrainte est effectué en considérant la section initiale de l'éprouvette ; si le calcul de la contrainte était réalisé sur la section réelle de l'éprouvette, la courbe resterait ascendante jusqu'à la rupture.

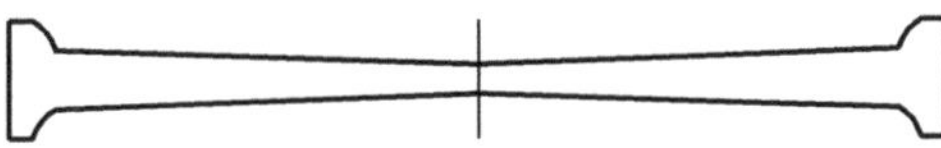

Figure 3.4. Striction de l'éprouvette.

L'allongement total à la rupture est de l'ordre de 25 % ; c'est plus de 200 fois l'allongement élastique.

Pendant longtemps, les calculs de résistance des matériaux ont été effectués en ne considérant que la phase élastique des matériaux utilisés : c'est encore le cas lorsque l'on considère ce que l'on appelle les *sollicitations de service* correspondant à *l'état-limite* de service. Mais l'examen de la courbe de traction (fig. 3.3) montre l'importance pratique des déformations plastiques, la matière pouvant s'écouler sans destruction dans cette phase, avec une contrainte ne dépassant pas la limite élastique ; c'est ce que l'on appelle le *phénomène de l'adaptation* : les zones les moins fatiguées viennent au secours des zones les plus sollicitées.

C'est pourquoi plusieurs règles de calculs actuelles (notamment pour le béton armé et le béton précontraint) sont fondées sur la notion de *calcul aux états limites ultimes* selon le principe suivant :

Ayant défini les phénomènes que l'on veut éviter, ayant estimé la gravité des risques liés à ces phénomènes, on choisit pour la construction des dispositions telles que la probabilité de chacun de ces phénomènes soit limitée à une valeur assez faible pour être acceptable en fonction de cette estimation. C'est ainsi, par exemple, que certaines *pondérations* des charges et surcharges sont imposées, mais qu'en revanche la contrainte admissible est relevée au voisinage de la contrainte élastique, ou du moins avec un faible coefficient de sécurité.

3.4 Contraintes admissibles – Notion de coefficient de sécurité

Les considérations précédentes amènent à définir des contraintes maximales à ne pas dépasser, de façon à ne pas entraîner la ruine des constructions ou parfois même de façon à limiter les déformations (flexions de poutre, par exemple) pour de simples raisons esthétiques alors que la sécurité n'est pas en jeu.

La règle de base est de ne pas dépasser la limite élastique des matériaux utilisés, et même de se placer sensiblement en dessous, en utilisant des coefficients de sécurité.

Les principales raisons motivant l'introduction de coefficients de sécurité sont les suivantes :

- les caractéristiques des matériaux ne sont connues qu'avec une certaine *dispersion*[7]. Cette dispersion peut être assez forte dans certains cas, comme, par exemple, la résistance à la compression des bétons ;
- les sollicitations auxquelles sont soumises les constructions ne sont pas toujours connues avec précision (par exemple, les efforts exercés par le vent) ;
- les matériaux utilisés dans les constructions ne représentent pas exactement des images fidèles des éprouvettes sur lesquelles ont été mesurées les caractéristiques mécaniques des matériaux ;
- les matériaux peuvent s'altérer au cours du temps, ce qui peut modifier les caractéristiques intrinsèques choisies dans les calculs, etc.

Les coefficients de sécurité varient suivant les règlements et suivant la nature envisagée pour les sollicitations (état-limite ultime ou état-limite de service).

Enfin il y a lieu de signaler que certaines incertitudes, concernant notamment les surcharges pouvant être appliquées aux constructions, sont non seulement couvertes par les coefficients de sécurité mais aussi par l'introduction de *coefficients de pondération* dans le calcul des sollicitations auxquelles sont soumis les différents éléments d'une construction. Nous ne nous attarderons pas davantage sur ce sujet dans le présent ouvrage, laissant au lecteur curieux le soin de consulter les règlements particuliers (BAEL pour le béton armé, BPEL pour le béton précontraint, etc.).

---

7. Lorsque l'on effectue des mesures expérimentales sur des matériaux, les résultats peuvent être assez différents et sont dispersés autour d'une valeur moyenne. Compte tenu de ce risque de dispersion, les règles de calculs imposent des coefficients de sécurité, parfois importants.

Exercice

Éléments de la courbe d'essai de traction

Énoncé

Considérons une éprouvette d'acier doux de 200 mm de longueur sur laquelle on applique un effort de traction. Une courbe de la forme indiquée à la figure 3.3 est ainsi obtenue.

Les coordonnées des différents points de la courbe sont :

A : ε = 0, 12 %	B : ε = 2, 4 %	C : ε = 19 %	D : ε = 25 %
σ = 240 MPa	σ = 240 MPa	σ = 420 MPa	σ = 380 MPa

1. Indiquez la valeur de la limite élastique (en MPa) ainsi que celle du module de Young.
2. Quelle est la limite de rupture ? Donnez l'allongement de rupture en centimètres.

Solution

1. La limite élastique est l'ordonnée du point A, soit 240 MPa. Le module de Young est donné par la pente de OA par rapport à l'axe des abscisses, soit :

$$E = \frac{\sigma}{\varepsilon} = \frac{240}{0{,}0012} = 200\ 000 \text{ MPa}$$

2. La limite de rupture est l'ordonnée du point C : 420 MPa. En revanche, l'allongement de rupture est l'abscisse du point D, soit 25 %, ce qui correspond à un allongement effectif de :

$$\frac{20 \times 25}{100} = 5 \text{ cm}$$

Exercice

Application du coefficient de Poisson

Énoncé

Considérant la barre de l'exercice précédent, supposée cylindrique de section circulaire de diamètre 12 mm, calculez le rétrécissement du diamètre si la force appliquée à l'éprouvette est de 22 600 N. Le coefficient de Poisson sera pris égal à 0,30.

Solution

La section de la barre est égale à 113 mm^2, soit $113 \cdot 10^{-6}$ m^2.

La valeur de la contrainte est ainsi de :

$$\frac{22\,600}{113 \cdot 10^{-6}} = 2 \cdot 10^8 \text{ Pa} = 200 \text{ MPa}$$

La déformation se situe dans le domaine élastique puisque la contrainte est inférieure à la limite élastique de 240 MPa. L'allongement longitudinal est égal à $\frac{200}{200\,000} = \frac{1}{1000}$ et le raccourcissement transversal à $\frac{0{,}30}{1000}$: soit 3,6 microns.

CHAPITRE 4

Les poutres

4.1 Définition d'une poutre

Nous ne considérerons dans cet ouvrage que les poutres dites *à plan moyen,* c'est-à-dire admettant un plan de symétrie dans le sens de leur longueur.

En général une poutre est : *un solide engendré par une aire* **plane** (Σ)*dont le centre de gravité G décrit une courbe* **plane** (Γ), *le plan de l'aire* (Σ) *restant normal à la courbe* (Γ).

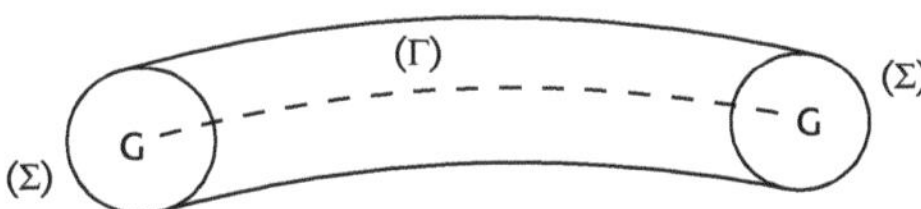

Figure 4.1. Poutre.

L'aire (Σ) est appelée *section droite* ou section *normale* de la poutre. La courbe (Γ) est appelée la *fibre moyenne* de la poutre. Si la fibre moyenne est une droite, la poutre est dite *droite.*

- Pour les poutres à plan moyen (seules considérées dans cet ouvrage), la fibre moyenne se situe dans le plan moyen.
  - Par ailleurs, il est important de noter que toutes les hypothèses posées par la suite pour la théorie des poutres, ne donnent des résultats acceptables que si *les dimensions transversales de la poutre considérée sont petites par rapport à sa longueur* (sans toutefois être trop faibles pour que la poutre devienne très déformable). Pour une poutre droite, le rapport de la hauteur de la section à la longueur de la poutre doit être compris entre 1/5 et 1/30. Les valeurs courantes sont de 1/10 à 1/15.

- Pour les poutres courbes (arcs), ce rapport peut être réduit à 1/50 voire 1/100 ;
  - *le rayon de courbure de la fibre moyenne est suffisamment grand par rapport à la dimension transversale de la poutre.* En général, ce rayon doit être supérieur à cinq fois la hauteur de la section ;
  - *enfin, dans le cas où la poutre est de section variable, la variation de la section doit être lente et progressive.*

4.2 Forces appliquées aux poutres

4.2.1 Forces données

Les forces données peuvent être *concentrées* ou réparties de façon continue. Dans le cas d'une charge répartie, on appelle *densité de charge* la force appliquée sur l'unité de surface.

Parmi les forces appliquées à une poutre, il est possible de distinguer celles qui sont appliquées de façon permanente ; elles constituent la *charge permanente* (par exemple le poids propre de la poutre ou le poids propre d'éléments qui s'appuient en permanence sur la poutre) et celles qui peuvent être appliquées de façon temporaire et qui constituent les *surcharges* (par exemple : l'action du vent ou de la neige, l'action d'un véhicule qui passe sur un ouvrage d'art, etc.).

4.2.2 Réactions d'appui

En général ce sont des forces considérées comme concentrées.

On distingue :

- *l'appui simple* (fig. 4.2) constitué, par exemple, par un galet cylindrique ou par une plaque de Néoprène. Les plaques de Néoprène sont utilisées couramment dans les ponts ; on les dispose horizontalement sur les piles ou les culées et les poutres du tablier sont ensuite posées sur ces plaques. L'appui simple donne lieu à une réaction dont la direction est bien déterminée (verticale, en général). Une seule inconnue subsiste : la grandeur de la réaction ;
- *l'articulation* (fig. 4.2) constituée pour les poutres métalliques par une rotule comprise entre deux balanciers et pour les poutres en béton armé par une section fortement rétrécie (articulation Freyssinet, par exemple). La réaction d'appui correspondante, *dont on ne connaît pas a priori la direction,* doit passer par un point fixe, le centre de la rotule ou de la section rétrécie déformée plastiquement. Par conséquent deux inconnues subsistent : les deux projections de la réaction sur deux directions non parallèles du plan moyen (en général, les projections verticale et horizontale) ;
- *l'encastrement* (fig. 4.2) qui a pour objet d'assurer l'invariabilité de la section d'extrémité AB d'une poutre. Dans ce cas, la réaction exercée sur la poutre est une force répartie qu'il est possible de remplacer par sa résultante générale $\overrightarrow{R}$ et son moment résultant $\overrightarrow{M}$ par rapport au centre de gravité de la section AB. Par conséquent trois inconnues subsistent : les projections de $\overrightarrow{R}$ sur deux axes non parallèles et le moment $\overrightarrow{M}$.

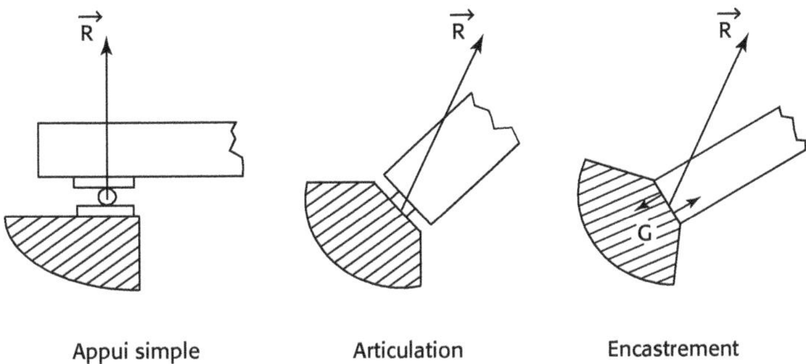

Figure 4.2. Différentes sortes d'appui.

4.2.3 Relations entre forces données et réactions d'appui

Toutes les forces appliquées à la poutre doivent former un système en équilibre (voir paragraphe 1.3). En général, pour écrire les équations d'équilibre, il est supposé que la déformation de la poutre peut être négligée : autrement dit, la ligne d'action d'une force n'est pas déplacée par une déformation de la poutre. C'est l'une des hypothèses fondamentales de la théorie de l'élasticité, dont on ne s'affranchit que très rarement (seulement dans l'étude du flambement et l'étude des ponts suspendus).

4.3 Première hypothèse fondamentale de la théorie des poutres : principe de Saint-Venant

4.3.1 Principe de Saint-Venant

Les contraintes, dans une région éloignée[8] des points d'application d'un système de forces, dépendent uniquement de la résultante générale et du moment résultant de ce système de forces[9].

En particulier, deux systèmes de forces équivalentes produisent mêmes contraintes et mêmes déformations (toujours dans une région suffisamment éloignée de leurs points d'application).

Considérons, par exemple, une poutre soumise à des efforts quelconques et séparons-la en deux parties (A) et (B) situées de part et d'autre d'une section droite (S).

---

8. Le principe de Saint-Venant suppose que la section considérée dans le calcul soit située suffisamment loin des points d'application des forces concentrées, car, bien qu'en fait il n'existe pas de forces réellement concentrées en un point (sinon il y aurait une contrainte infinie), les contraintes au voisinage des points d'application sont très importantes et nécessitent une étude particulière (non entreprise dans le présent ouvrage).
9. Cette règle vaut également pour les déformations en admettant la loi de Hooke généralisée.

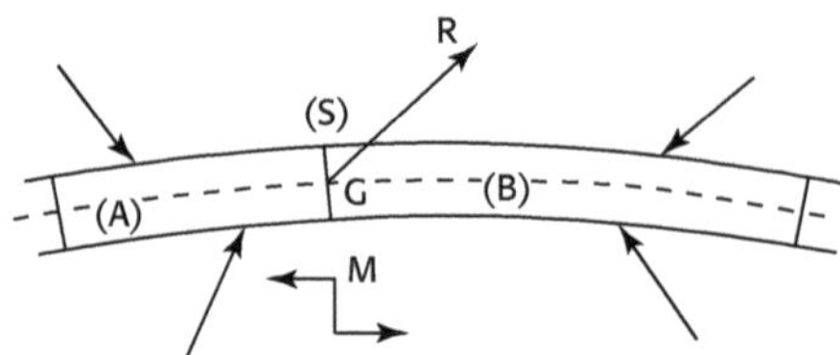

Figure 4.3. Poutre soumise à différents efforts extérieurs.

Comme indiqué au paragraphe 3.2, la partie (B) est en équilibre sous l'action des forces qui lui sont directement appliquées, forces situées à droite de (S), et sous l'action des forces élastiques qu'exerce (A) sur (B). Ces forces élastiques appliquées en (S) ont pour densité, en chaque point de (S), le vecteur contrainte correspondant en ce point.

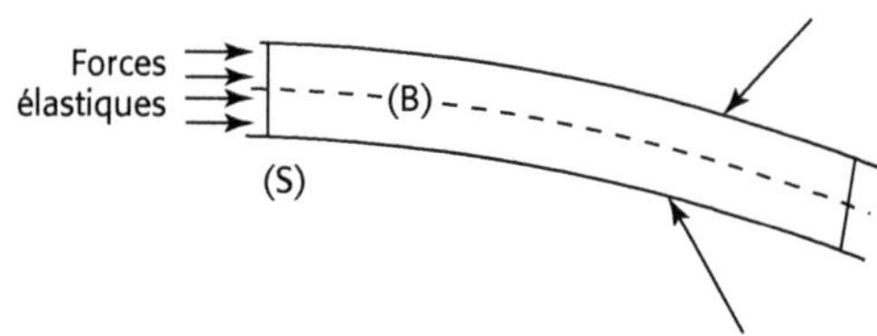

Figure 4.4. Équilibre d'un tronçon de poutre.

Puisque la partie (B) de la poutre est en équilibre sous l'action des forces directement appliquées et de celles appliquées à la partie (A), il en résulte que *le système des forces élastiques s'exerçant sur la section* (S) *considérée comme appartenant à la partie* (B) *de la poutre est équivalent au système des forces appliquées à la partie* (A) : c'est le **principe d'équivalence** (fig. 4.4).

Appliquons maintenant le principe de Saint-Venant : les contraintes sur la section (S) ne dépendent que de la résultante générale R et du moment résultant M des forces appliquées sur la partie (A), pris par rapport au centre de gravité G de cette section.

En toute rigueur, il faut soit supposer qu'il n'y a pas de forces appliquées au voisinage de la section (S), soit, s'il y en a, que leur influence est faible par rapport à celle de l'ensemble des forces appliquées.

Remarque

Il est usuel de considérer les forces situées à gauche d'une section, mais il est possible de considérer les forces à droite. Appelons $\overrightarrow{R'}$ et $\overrightarrow{M'}$ la résultante générale et le moment résultant des forces à droite. L'équilibre de la poutre nécessite que :

$$\overrightarrow{R} + \overrightarrow{R'} = 0 , \quad \text{soit } \overrightarrow{R'} = -\overrightarrow{R} \quad \text{et, de même } \overrightarrow{M'} = -\overrightarrow{M}$$

Il est parfois plus simple d'effectuer les calculs à partir des forces situées à droite d'une section : il suffit de se rappeler qu'il faut changer de signes pour déterminer $\overrightarrow{R}$ et $\overrightarrow{M}$.

4.3.2 Système des forces extérieures à une section

En considérant la fibre moyenne de la poutre, il est possible de décomposer la résultante générale des forces en ses deux projections (fig. 4.5) :

- la projection sur la tangente, désignée par $\overrightarrow{N}$ est appelée **effort normal** ;
- la projection sur la normale, désignée par $\overrightarrow{T}$ est appelée **effort tranchant.**[10]

Comme son nom l'indique, l'effort normal est normal à la section.

L'effort tranchant est situé dans la section. Son nom vient du cisaillement qu'il provoque (glissement de la partie (A) de la poutre par rapport à la partie (B)).

De même, le couple résultant peut être décomposé en deux couples :

- l'un normal à la section (S), appelé **moment de torsion** $\overrightarrow{C}$,
- l'autre situé dans le plan de la section, appelé **moment fléchissant** $\overrightarrow{M}$.

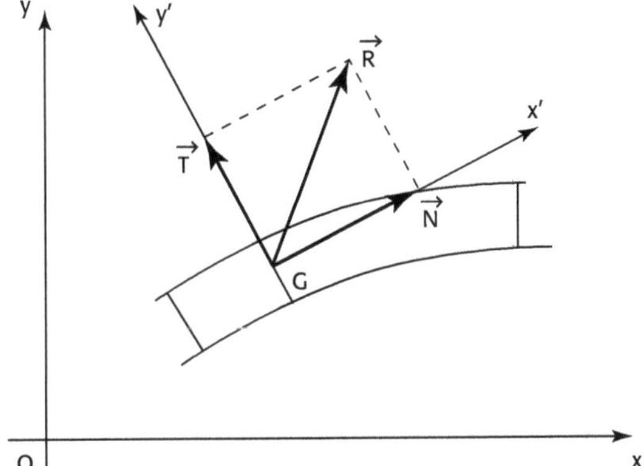

Fig. 4.5. Contraintes internes dans une section de poutre.

Dans le cas d'une poutre à plan moyen, $\overrightarrow{N}$ est porté par l'axe G*x*', et $\overrightarrow{T}$ par l'axe G*y*'.

Le moment résultant se déduit du moment fléchissant, mesuré en respectant la convention de signe indiquée en 1.1.2.

Il est même possible de réduire les systèmes des forces extérieures à une *force unique* $\overrightarrow{F}$ équipollente à la résultante générale $\overrightarrow{R}$; en général elle ne passe pas par le centre de gravité G.

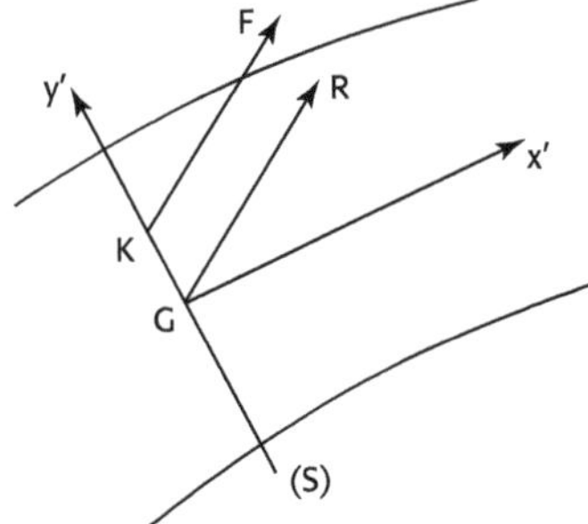

Figure 4.6. Force unique représentative des forces extérieures appliquées à une section.

10. Selon certaines notations, l'effort tranchant est désigné par V.

Le point K de l'axe Gy' où la ligne d'action de $\vec{F}$ perce le plan de la section (S), décrit, lorsque la section varie le long de la fibre moyenne, la **courbe des pressions** (fig. 4.6).

Le moment fléchissant est alors égal au moment de la force $\vec{F}$ pris par rapport au point G.

Le moment de l'effort tranchant $\vec{T}$ par rapport au point G étant nul, le moment fléchissant $\vec{M}$ est finalement égal au moment de l'effort normal $\vec{N}$ par rapport au point G.

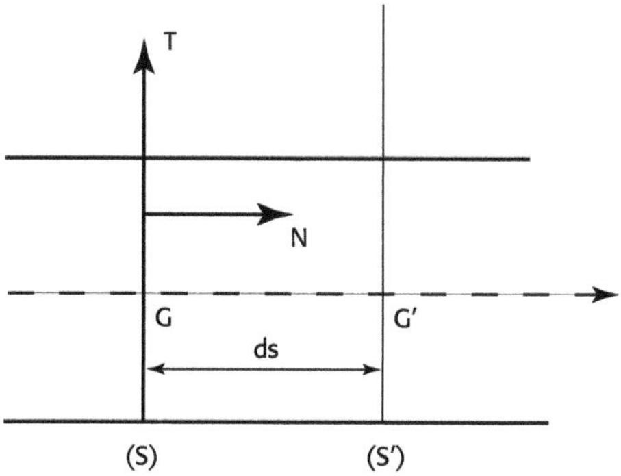

Figure 4.7. Sections voisines.

Considérons maintenant la section (S') voisine de (S), située à une distance infinitésimale d*s* de celle-ci (fig. 4.7).

Nous supposerons qu'entre ces sections droites il n'y a aucune force ponctuelle appliquée ; cependant il peut y avoir des forces réparties d'intensité p par unité de longueur. Au point G', l'effort tranchant sera égal à T – p ds.

D'autre part, le moment fléchissant est égal au moment de l'effort normal $\vec{N}$ (c'est-à-dire M calculé précédemment), augmenté du moment de l'effort tranchant $\vec{T}$ (T · ds), et diminué du moment de la charge répartie :

$$\left(-p\,ds \cdot \frac{ds}{2}\right)$$

On obtient :

$$M + dM = M + Tds - p\frac{(ds)^2}{2}$$

et, en négligeant l'infiniment petit du deuxième ordre : M + dM = M + T ds , soit $T = \frac{dM}{ds}$: on remarque que l'effort tranchant est la dérivée du moment fléchissant par rapport à l'arc de fibre moyenne.

4.3.3 Application : poutre droite sur appuis simples

Considérons une poutre de longueur ℓ, posée sur deux appuis simples A et B, situés sur une même ligne horizontale (fig. 4.8).

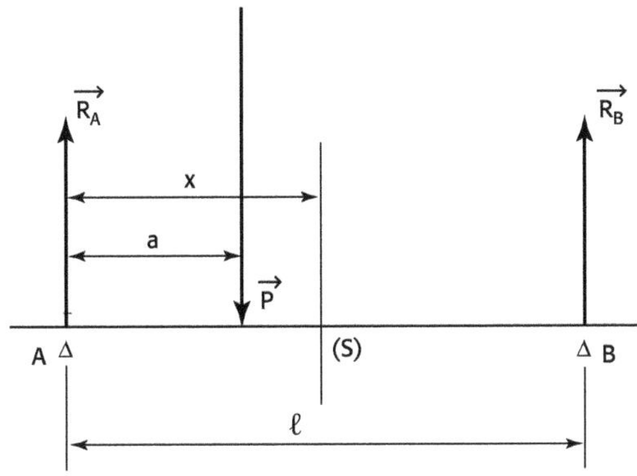

Figure 4.8. Cas d'une force appliquée à une poutre sur appuis simples.

Est appliquée à cette poutre une force $\overrightarrow{P}$ verticale, à la distance a de A. Le calcul des différents efforts et moments dans une section droite (S) située à la distance x de A s'effectue comme suit.

Il faut dans un premier temps calculer les réactions $\overrightarrow{R_A}$ et $\overrightarrow{R_B}$ (voir paragraphe 1.3).

Leurs valeurs algébriques valent :

$$R_A = P\,\frac{\ell - a}{\ell} \qquad\qquad R_B = P\,\frac{a}{\ell}$$

Premier cas : x ≤ a

Les forces à gauche de la section (S) se limitent à la réaction $\overrightarrow{R_A}$.

Puisque cette réaction est verticale, donc perpendiculaire à la fibre moyenne de la poutre qui est horizontale :

- l'effort normal est nul : N = 0 ;
- l'effort tranchant est égal à la réaction R_A : $T = P\,\frac{(\ell - a)}{\ell}$

Quant au moment fléchissant, c'est le moment de $\overrightarrow{R_A}$ par rapport au centre de gravité de (S), soit :

$$M = R_A \cdot x = Px\frac{(\ell - a)}{\ell}$$

Deuxième cas : x ≥ a

Les forces à gauche de (S) sont la réaction $\overrightarrow{R_A}$ et la force appliquée $\overrightarrow{P}$:

- l'effort normal est nul ;
- l'effort tranchant est calculé comme suit :

$$T = R_A - P \Rightarrow T = -\,P\frac{a}{\ell}$$

On remarque que l'effort tranchant est égal à $-\overrightarrow{R_B}$, seule force à droite de (S). Il aurait donc été possible de le calculer directement, en considérant les forces à droite, changées de signe (voir paragraphe 4.3.1).

Le moment fléchissant est donné alors par :

$$M = R_A \cdot x - P(x - a) = Pa\frac{(\ell - x)}{\ell}$$

De même que pour l'effort tranchant il aurait été possible de calculer le moment des forces à droite, *changé de signe,* soit :

$$M = -R_B(\ell - x) \times (-1) = +P\frac{a}{\ell}(\ell - x)$$

On retrouve bien le résultat précédent.

Remarque

Le premier signe *moins* correspond au signe du moment de la réaction $\overrightarrow{R_B}$, qui tend à faire tourner le système vers la gauche, contrairement à la réaction $\overrightarrow{R_A}$ et à la force $\overrightarrow{P}$, qui tendent à faire tourner le système vers la droite. Le deuxième signe moins provient de ce que l'on a considéré les forces à droite de la section (S).

Nous pouvons vérifier que, dans chaque cas, l'effort tranchant est égal à la dérivée du moment fléchissant par rapport à l'abscisse *x*. Ce résultat est *valable pour toutes les poutres droites.* Pour les arcs, l'effort tranchant T(s) est la dérivée du moment fléchissant M(s) par rapport à la longueur *s* de l'arc considéré.

4.4 Deuxième hypothèse fondamentale de la théorie des poutres : principe de Navier-Bernoulli

L'hypothèse de Navier-Bernoulli consiste à supposer que, dans la déformation de la poutre, les sections normales à la fibre moyenne restent planes. Cette hypothèse est vérifiée pour les déformations dues au seul moment fléchissant, mais n'est plus valable dans le cas où la poutre est soumise à un moment de torsion (cas quasiment exclu dans le présent ouvrage).

Il est également admis que cette hypothèse est aussi valable dans le cas général où il y a un effort tranchant.

Cette hypothèse est maintenue dans les règlements de béton armé ou précontraint, même lors des calculs aux états-limites ultimes.

Exercice

Arc symétrique à trois articulations

Énoncé

Considérons un arc symétrique à trois articulations A, B et C, non pesant, soumis à une force $\overrightarrow{P}$ disposée au point D (fig. 4.9).

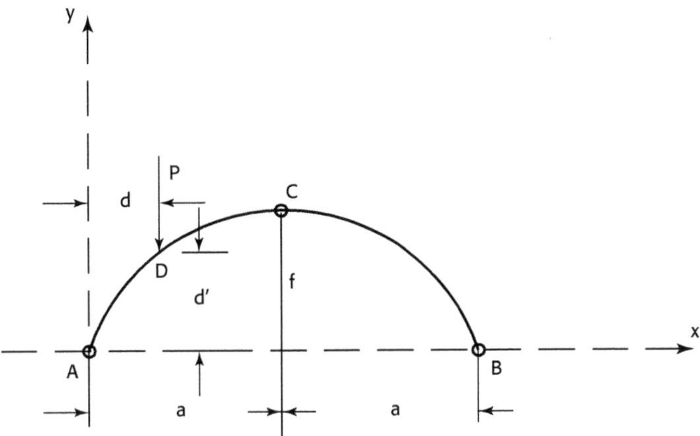

Figure 4.9. Arc à trois articulations.

1. Cet arc est-il isostatique ? (voir au paragraphe 1.3 la définition d'un système isostatique).

2. Calculer les réactions en A et B.

3. Calculez le moment fléchissant, l'effort tranchant et l'effort normal en un point situé légèrement à gauche de D (fig. 4.10)

Solution

1. Les inconnues sont les réactions aux points A et B. (La réaction au point C est également une inconnue, mais c'est une force intérieure à l'arc. Elle ne doit donc pas être prise en compte pour la détermination du caractère isostatique ou hyperstatique de l'arc.)

A et B étant deux articulations, les réactions se limitent à de simples forces passant par les points A et B, à l'exclusion de tout moment d'encastrement. En revanche, ces forces ont une direction quelconque, du fait des articulations. Il faut les décomposer en leurs projections sur les axes A*x* et A*y*, c'est-à-dire :

$$\overrightarrow{R_A} : (X_A, Y_A) \quad \text{et} \quad \overrightarrow{R_B} : (X_B, Y_B)$$

soit au total quatre inconnues.

Les relations permettant de les calculer sont les suivantes :

- les trois équations d'équilibre ;
- la relation indiquant que C est une articulation, c'est-à-dire que le moment fléchissant en C est nul. En effet, la réaction du demi-arc CB sur le demi-arc CA passe par C du fait de l'articulation, et donc son moment par rapport à C est nul.

Le nombre d'équations étant égal au nombre d'inconnues, le système est isostatique.

Si l'arc n'avait que deux articulations, il serait en revanche hyperstatique.

2. Déterminons les quatre relations indiquées ci-dessus :

- La somme des forces horizontales est nulle :

$$_A + X_B = 0 \qquad X \tag{4.1}$$

- La somme des forces verticales est nulle :

$$Y_A + Y_B - P = 0 \tag{4.2}$$

- Le moment en un point quelconque est nul. Prenons, par exemple, au point B :

$$2a \cdot Y_A - P(2a-d) = 0 \tag{4.3}$$

- Le moment fléchissant en C est nul :

$$a \cdot Y_A - P(2a-d) - X_A \cdot f = 0 \tag{4.4}$$

L'équation (4.3) permet d'écrire :

$$Y_A = P\,\frac{(2a-d)}{2a}$$

L'équation (4.2) permet d'obtenir, en remplaçant Y_A par la valeur trouvée :

$$Y_B = P\,\frac{d}{2a}$$

L'équation (4.4) permet de calculer :

$$X_A = P\,\frac{d}{2f}$$

Et l'équation (4.1) permet d'obtenir :

$$X_B = -P\,\frac{d}{2f}$$

3. L'effort normal, l'effort tranchant et le moment fléchissant en un point de l'arc sont représentés sur la figure 4.10.

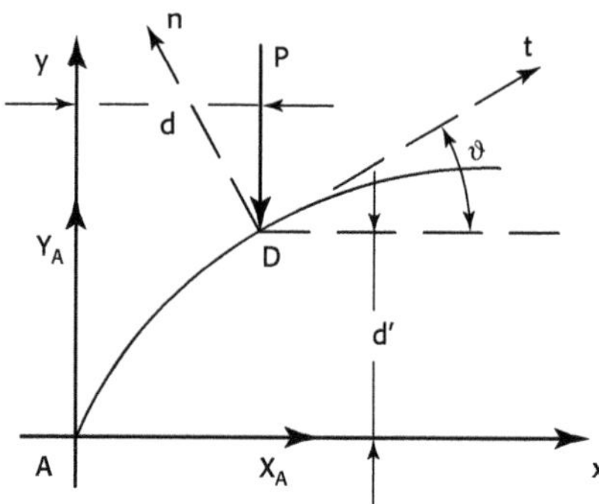

Figure 4.10. Effort normal, effort tranchant et moment fléchissant en un point de l'arc.

- Le moment fléchissant est égal à la somme des moments de X_A et de Y_A, soit :

$$M = P\,\frac{(2a - d)}{2a} \cdot d - P\,\frac{d}{2f} \cdot d'$$

- L'effort tranchant est porté par la perpendiculaire Dn à la fibre moyenne ; il est égal à la projection des forces à gauche du point D sur cette Dn :

$$T = P\,\frac{(2a - d)}{2a}\cos\theta - P\,\frac{d}{2f}\sin\theta$$

La force $\overrightarrow{P}$ n'intervient pas, puisque nous nous sommes placés volontairement légèrement à gauche de D.

- L'effort normal est la projection sur Dt des forces à gauche du point D, soit :

$$N = P\,\frac{(2a - d)}{2a}\sin\theta + P\,\frac{d}{2f}\cos\theta$$

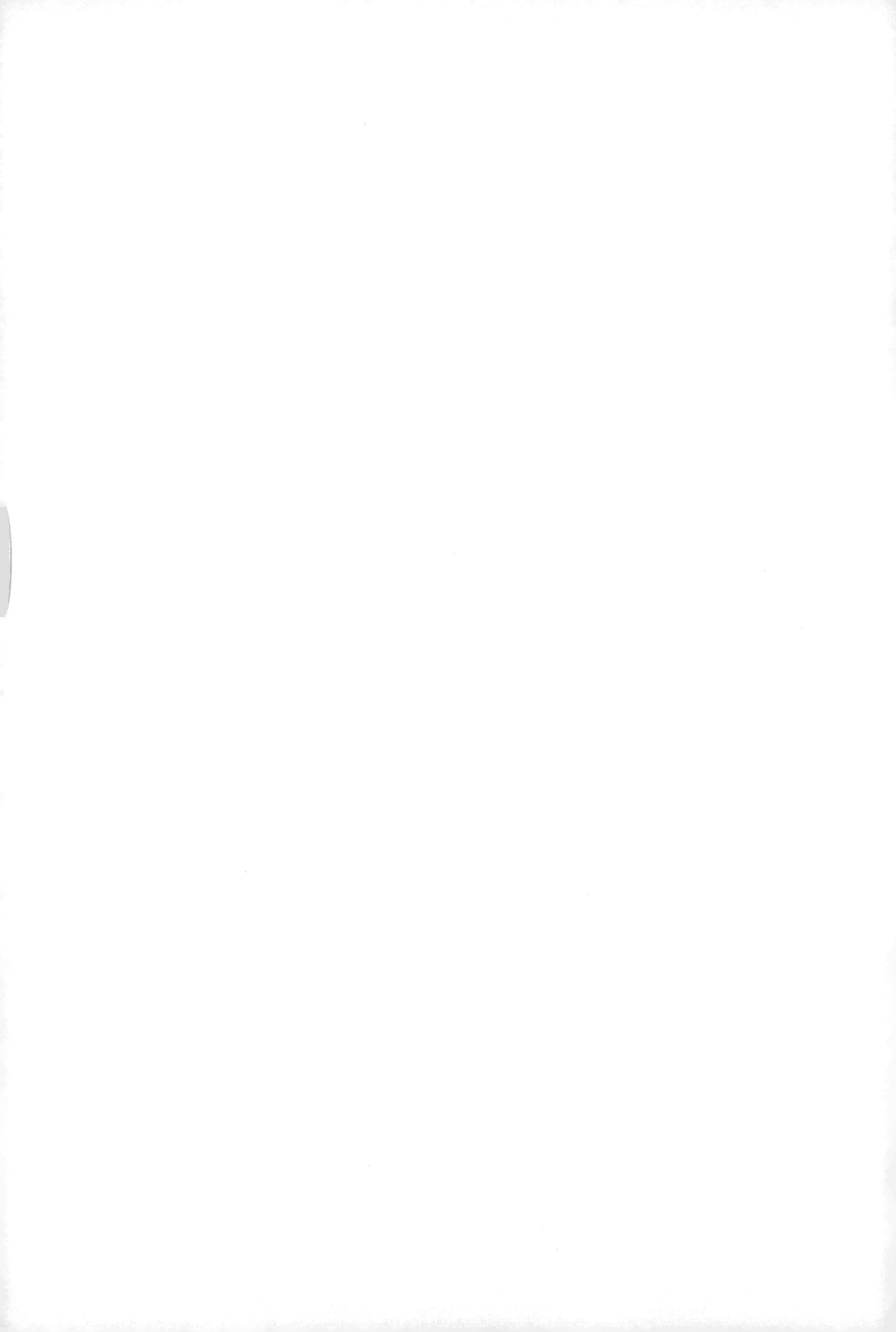

CHAPITRE 5

Contraintes produites par l'effort normal et le moment fléchissant

5.1 Étude de l'effort normal – Compression ou traction simple

Considérons un élément de poutre compris entre deux sections (S) et (S') parallèles, de centres de gravité respectifs G et G'. L'élément de fibre moyenne GG' a pour longueur Dx. Les deux sections (S) et (S') sont soumises à des efforts normaux $\overrightarrow{N}$ et $-\overrightarrow{N}$.

Il convient de compter positivement l'intensité N de $\overrightarrow{N}$ pour une compression, négativement pour une traction (fig. 5.1).

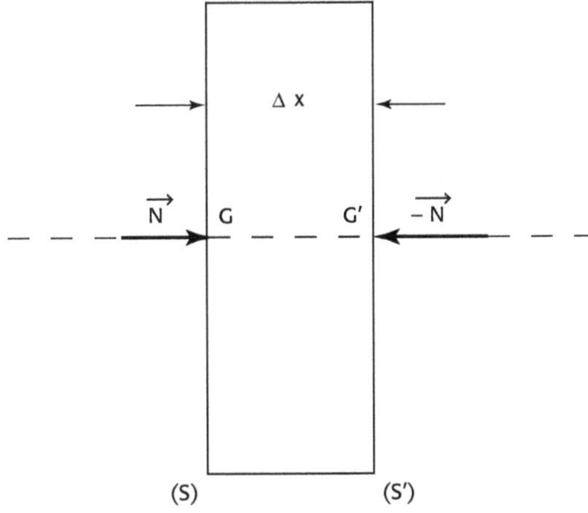

Figure 5.1. Compression d'un élément de poutre.

Un effort normal *simple* est obligatoirement appliqué au centre de gravité de chaque section ; sinon la section serait également soumise à un moment, hypothèse exclue pour le présent cas de figure.

Les contraintes sont *normales* et réparties uniformément sur toute la surface de la section. Rappelons que la section est située à une distance assez éloignée du point d'application des charges.

La valeur de cette contrainte uniforme est :

$$\sigma = \frac{N}{S}$$

en appelant S l'aire de la section (S). Si N est exprimé en newton (N) et S en mètre carré la contrainte σ est exprimée en pascal (Pa).

L'élément de fibre de longueur Dx, compris entre (S) et (S'), subit, selon la loi de Hooke un allongement égal à :

$$\Delta(\Delta x) = -\frac{N}{E.S}\,\Delta x$$

Donc les deux sections (S) et (S') se déplacent pendant la déformation, parallèlement entre elles, sans rotation de l'une par rapport à l'autre.

5.2 Étude du moment fléchissant

5.2.1 Flexion pure

Il y a flexion pure, lorsqu'un élément de poutre est soumis seulement à un moment fléchissant, sans effort tranchant.

Cette dernière condition nécessite que le moment fléchissant soit constant, sinon il y aurait un effort tranchant égal à la dérivée du moment fléchissant par rapport à l'arc de la fibre moyenne, comme indiqué ci-dessus.

Considérons un élément de la poutre compris entre deux sections infiniment voisines (S) et (S'). Les deux sections sont supposées soumises à des couples égaux au moment fléchissant $\overrightarrow{M}$, comme indiqué sur la figure 5.2 ; la figure est faite de telle sorte que M soit positif.

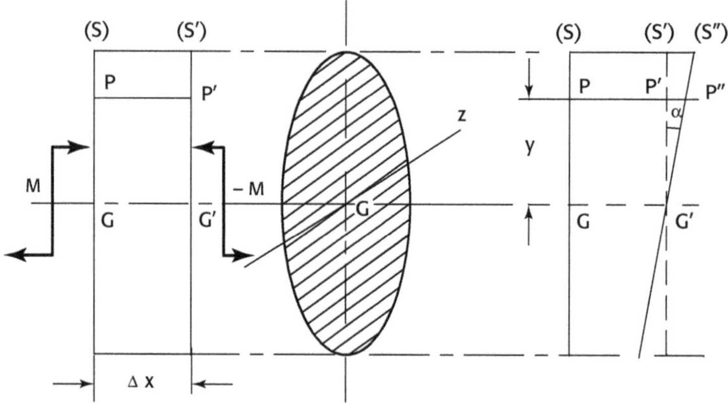

Figure 5.2. Moment agissant sur deux sections voisines. À droite : Rotation de la section (S').

D'après le principe de Navier-Bernoulli les longueurs des fibres varient comme si les sections restaient planes après déformation[11]. Il en résulte que la section (S') subit par rapport à (S) une rotation relative : sa nouvelle position est (S") comme indiqué sur la figure 5.2.

On démontre que le centre de gravité G' ne varie pas et que l'axe G*z* est l'axe de rotation de la section (S').

En application de la loi de Hooke, les contraintes normales sont proportionnelles aux allongements des fibres telles que PP'. En posant GP = y, on voit (fig. 5.2), que l'allongement P'P" de PP' est égal à y tan α, α étant l'angle de rotation de la section (S') par rapport à son centre de gravité G'. L'allongement des fibres étant proportionnel à y, la contrainte normale est donc également proportionnelle à y. Elle est égale à :

$$\sigma = \frac{My}{I} \tag{5.1}$$

- M étant le moment fléchissant, exprimé en mN ;
- I étant le moment d'inertie de la section par rapport à l'axe G*z*, exprimé en m^4 ;
- y étant exprimé en m, σ est exprimé en Nm^{-2}.

Sur G*z*, y étant nul, la contrainte est nulle ; c'est pourquoi on appelle G*z* l'*axe neutre*.

Dans le cas de la flexion pure, il n'y a pas d'autre contrainte que la contrainte normale.

Quant à la rotation relative de la section (S') par rapport à la section (S), elle provoque un allongement des fibres telle que la fibre PP', qui est égal, d'après la loi de Hooke, à :

$$P'P" = \frac{\sigma \Delta x}{E}$$

Soit, en remplaçant σ par sa valeur donnée en (5.1), on obtient :

$$P'P" = \frac{M}{EI} y \Delta x$$

Considérons maintenant la figure 5.3 montrant la rotation de la section (S') autour de l'axe G'*z* passant par son centre de gravité G'.

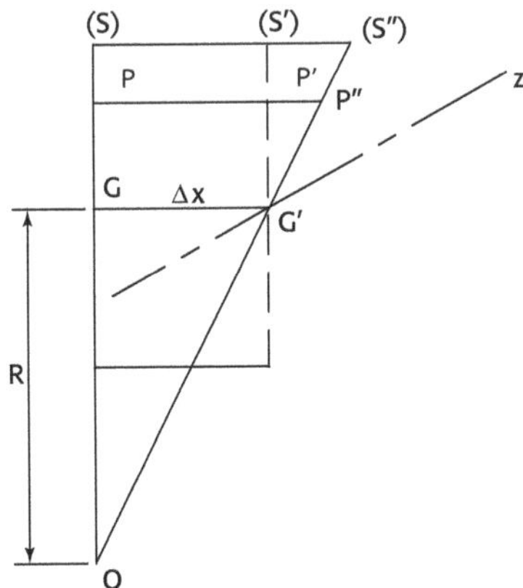

Figure 5.3. Rotation de la section (S') autour de l'axe G'z.

11. Les sections restent effectivement planes dans le cas de la flexion pure.

La section (S') parallèle à la section (S) avant déformation, vient couper celle-ci selon une droite représentée sur le plan de projection par le point O.

En considérant les triangles semblables G'P'P" et OGG' le théorème de Thalès permet d'écrire :

$$\frac{P'P''}{P'G'} = \frac{GG'}{GO} \qquad \text{soit} \qquad \frac{My\Delta x}{EIy} = \frac{\Delta x}{R},$$

En simplifiant, l'équation devient :

$$\frac{1}{R} = \frac{M}{EI}$$

Dans le cas de la flexion pure, le moment M est supposé constant. En considérant une poutre constituée d'un matériau homogène (c'est-à-dire E constant), et de section constante (donc de moment d'inertie I constant), R est constant. Les centres de gravité de toutes les sections se trouvent ainsi disposés sur un cercle de centre O. C'est pourquoi la flexion pure est également appelée *flexion circulaire.*

Remarque

Pour obtenir dans une poutre un moment constant, ou du moins quasi constant, on retient le dispositif suivant :

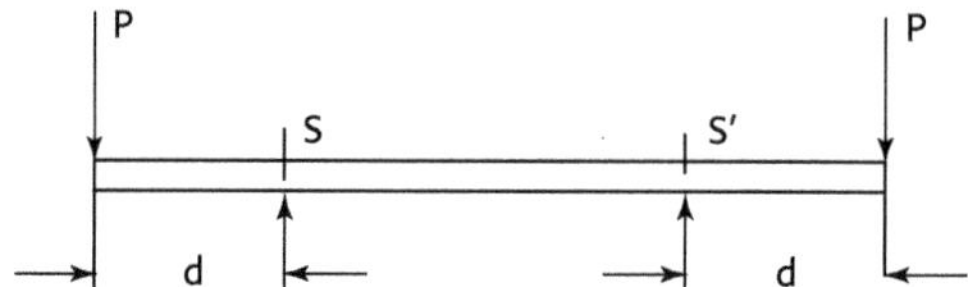

Figure 5.4. Détermination d'un moment fléchissant constant.

Entre les sections S et S', si l'on néglige le poids de la poutre par rapport aux forces extérieures, il existe un moment constant égal à $M = -P \cdot d$.

5.2.2 Flexion simple

Lorsque le moment fléchissant n'est pas constant, il est accompagné d'un effort tranchant, égal à sa dérivée par rapport à l'arc de la fibre moyenne.

S'il n'y a pas d'effort normal extérieur, on dit qu'il y a *flexion simple.* S'il y a un effort normal, on dit qu'il y a *flexion composée.*

Les résultats de l'étude de la flexion simple sont très semblables à ceux de la flexion pure :

- chaque section (S) pivote autour de l'axe Gz. Toutefois, le rayon de courbure R de la *fibre moyenne déformée* (lieu de Gz après déformation) n'est plus constant, puisque le moment fléchissant n'est pas constant ;
- la contrainte normale est toujours $\sigma = \frac{My}{I}$, mais elle n'est plus seule : des contraintes tangentielles (voir chapitre 6) s'y ajoutent.

5.2.3 Flexion composée

Une section est dite sollicitée à la flexion composée, lorsqu'elle supporte à la fois un moment fléchissant $\overrightarrow{M}$, un effort normal $\overrightarrow{N}$ et un effort tranchant $\overrightarrow{T}$.

L'étude de la flexion composée (fig. 5.5) résulte immédiatement de la superposition des résultats obtenus dans l'étude de la compression simple et dans celle de la flexion simple.

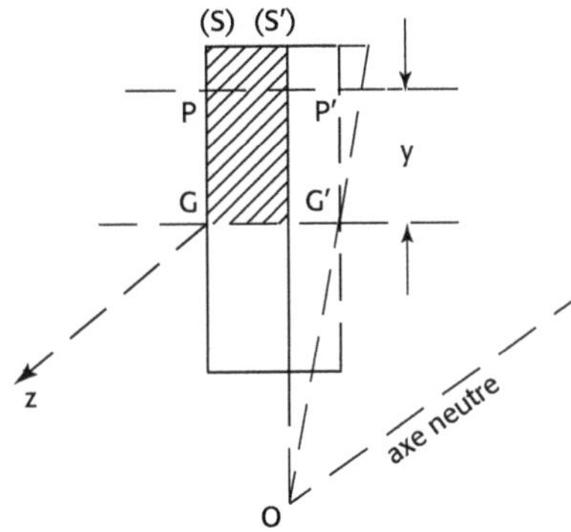

Figure 5.5. Position de l'axe neutre en flexion composée.

Elle implique les phénomènes suivants :

- le déplacement relatif de la section (S') voisine de (S) pendant la déformation, comprend une translation (due à l'effort normal $\overrightarrow{N}$) et une rotation autour de l'axe G*z* (due au moment fléchissant $\overrightarrow{M}$) ;
- la contrainte normale en un point P situé à une distance *y* de la fibre moyenne est donc égale à :

$$\sigma = \frac{N}{S} + \frac{My}{I}$$

L'axe neutre est défini comme le lieu des contraintes nulles. La relation $\sigma = 0$ correspond donc à :

$$\frac{N}{S} + \frac{My}{I} = 0$$

d'où :

$$y = -\frac{N}{S}\frac{I}{M}$$

Cet axe neutre est parallèle à celui dû au seul moment fléchissant, mais il ne passe pas par le centre de gravité.

Or la section est soumise à un effort $\overrightarrow{N}$ appliqué en son centre de gravité, et à un couple $\overrightarrow{M}$. Comme nous l'avons vu précédemment (paragraphe 4.3.2) il est possible de remplacer ce couple par une force unique $\overrightarrow{F}$, appliquée en un point C différent du centre de gravité (fig 5.6).

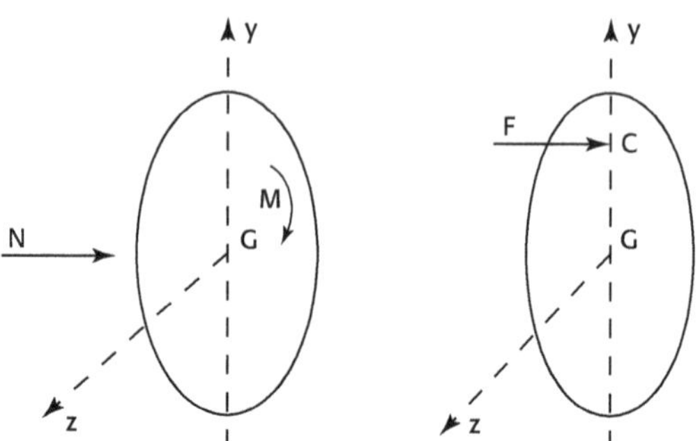

Figure 5.6. Couple et force équivalente.

Pour respecter les principes de la statique, il faut que :

- cette force soit égale à l'effort normal : $\overrightarrow{F} = \overrightarrow{N}$ (égalité des résultantes générales des deux systèmes) ;
- le moment de cette force par rapport à G soit égal au couple M : M = N × GC.

La position du point C est ainsi connue. Le point C est appelé point de passage de la force extérieure. Lorsque (S) varie, il décrit la courbe des pressions.

5.2.4 Noyau central – Résistance des maçonneries

Certains matériaux, tels que les maçonneries ou le béton non armé, ne peuvent supporter, en toute sécurité, que des contraintes normales de compression. Il est donc intéressant de déterminer dans quelle partie de la section doit se trouver le point de passage C de la force extérieure (qui est nécessairement une force de compression : N > 0), de sorte que la section (S) soit *entièrement comprimée.* Cette partie de section comprimée est appelée **noyau central.**

Pour déterminer le noyau central, il suffit d'écrire :

$$\sigma = \frac{N}{S} + \frac{My}{I} \geq 0,$$

soit

$$\frac{M}{N} = GC > -\frac{I}{Sy}, \quad \text{si } y > 0 \qquad \text{et} \qquad GC < -\frac{I}{Sy}, \quad \text{si } y < 0$$

Dans le cas d'une section rectangulaire de base b et de hauteur h, on obtient :

- la section : $S = bh$;
- le moment d'inertie par rapport à l'axe Gz : $I = \frac{bh^3}{12}$;
- le maximum de y : $\pm\frac{h}{2}$.

Il en résulte que : $\frac{-h}{6} < GC < \frac{h}{6}$.

Dans le cas de la section rectangulaire, la partie de Gy à l'intérieur de laquelle doit se trouver le point C correspond donc au tiers de la hauteur h : elle est appelée *tiers central* (fig. 5.7).

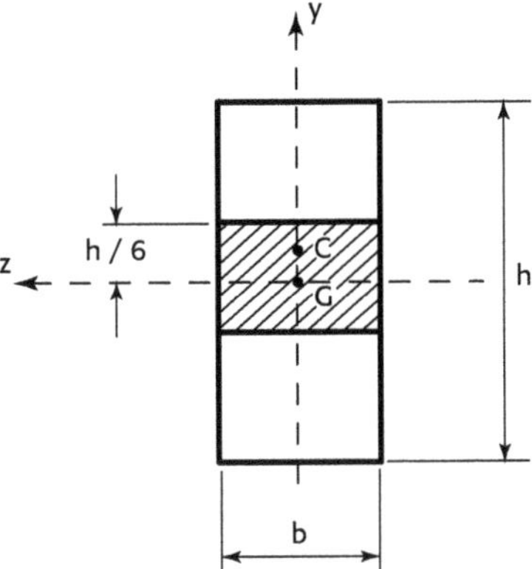

Figure 5.7. Tiers central.

Remarque

Une autre représentation, utilisée en béton armé et précontraint peut être utilisée pour déterminer le noyau central.

En effet, comme indiqué précédemment (fig. 5.5), la déformation d'une section quelconque, en flexion composée, comporte une petite translation parallèle à la fibre moyenne et une légère rotation autour de l'axe G*z*.

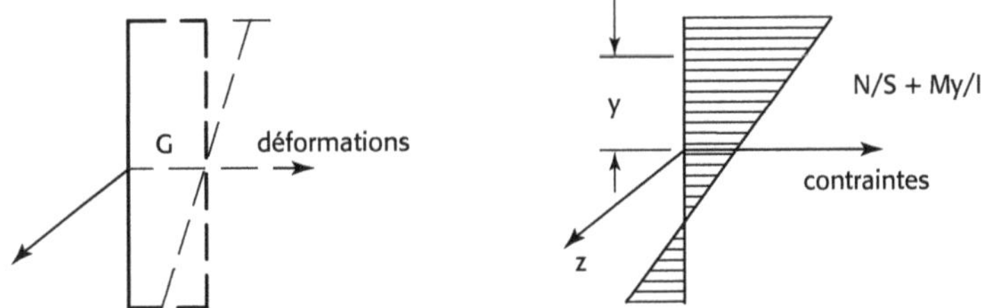

Figure 5.8. Représentation des contraintes en flexion composée.

Or, d'après la loi de Hooke, les contraintes sont proportionnelles aux déformations. Donc il est possible de tracer une courbe représentative des contraintes en fonction de la distance à l'axe neutre très semblable à la courbe des déformations (fig. 5.8).

La partie de la courbe située du côté des contraintes positives représente la partie de la section *comprimée*. L'autre partie correspond à la partie de la section *tendue*.

Dans le cas des maçonneries, toute la section doit être comprimée. Donc le diagramme des contraintes doit être du type triangulaire, voire trapézoïdal (fig. 5.9).

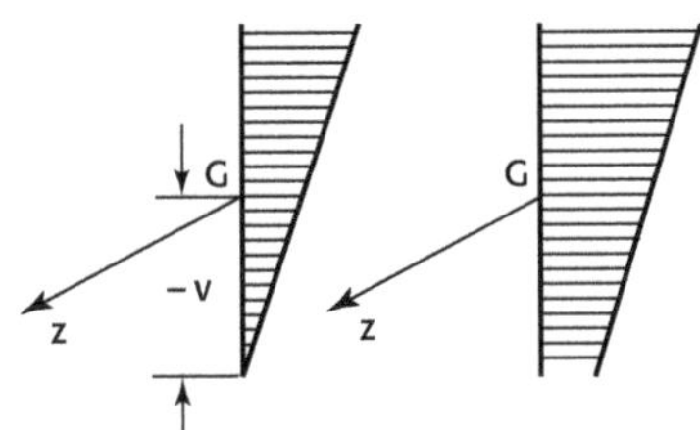

Figure. 5.9 Diagramme des contraintes en compression.

Dans le cas limite du diagramme triangulaire, la contrainte est nulle si :

$$\frac{N}{S}-\frac{My}{I}=0 \qquad \text{soit} \qquad \frac{M}{N}=\frac{I}{Sy}$$

Nous retrouvons ainsi le noyau central défini précédemment.

Exercice

Étude d'une poutre métallique

Énoncé

Considérons une poutre métallique constituée par un profilé IPN de 120 mm de hauteur.

Un tel profilé a une section de 14,2 cm^2 et un moment d'inertie de 328 cm^4. Calculez les contraintes sur les fibres extrêmes :

1. dans le cas où la poutre est soumise à un effort de compression de 100 000 N. Le phénomène de flambement des pièces comprimées étudié par la suite est négligé ;
2. dans le cas où, en plus de cet effort de compression, la poutre est soumise à un moment fléchissant de 5 470 mN.

Solution

1. La contrainte due à l'effort normal est :

$$\sigma=\frac{N}{S}=\frac{100\,000\ \text{N}}{14.2\cdot 10^{-4}\,\text{m}^2}=7\cdot 10^7\ \text{Pa} \quad \text{ou } 70\ \text{MPa}$$

2. La contrainte vaut maintenant :

$$\sigma=\frac{N}{S}+\frac{My}{I} \qquad \text{avec} \quad y=\pm\,60\ \text{mm},$$

d'où :

$$\frac{I}{y}=\frac{328}{6}=54{,}7\text{cm}^3 \quad \text{ou} \quad 54{,}7.10^6\text{m}^3.$$

Ce qui donne :

$$\sigma=70\ \text{MPa}\pm\frac{5470}{54{,}7.10^{6}}=70\pm 100\ \text{MPa},$$

d'où le diagramme des contraintes de la figure 5.10.

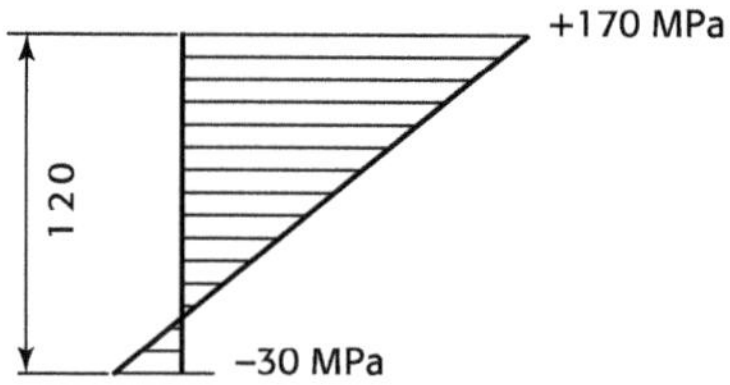

Figure 5.10. Diagramme des contraintes.

Exercice

Étude d'une section circulaire

Énoncé

Déterminer le noyau central d'une section circulaire.

Solution

Appliquons la méthode générale du paragraphe 5.2.3. La condition est :

$$\overline{OC} > -\frac{I}{Sy} \text{ si } y > 0 \qquad \text{et} \qquad \overline{OC} < -\frac{I}{Sy} \text{ si } y < 0$$

avec $I = \frac{\pi R^4}{4}$, $S = \pi R^2$ et $y = \pm R$. Il en résulte :

$$-\frac{R}{4} < \overline{OC} < \frac{R}{4}$$

le noyau central est situé dans le *quart central.*

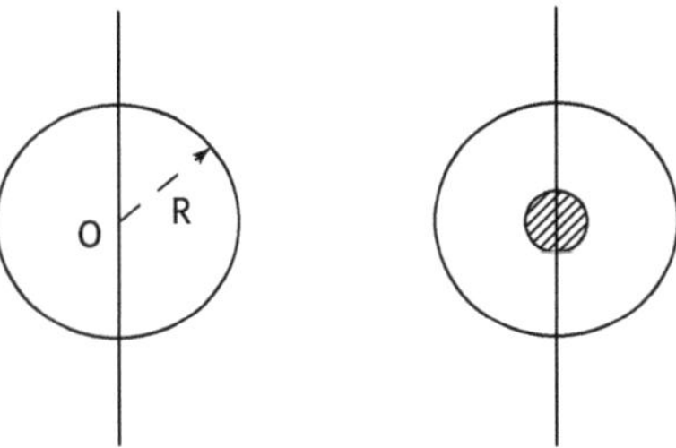

Figure 5.11.
Quart central d'une section circulaire.

Exercice

Étude d'une fondation

Énoncé

Considérons le mur de fondation dont la coupe verticale longitudinale est donnée sur la figure 5.12 :

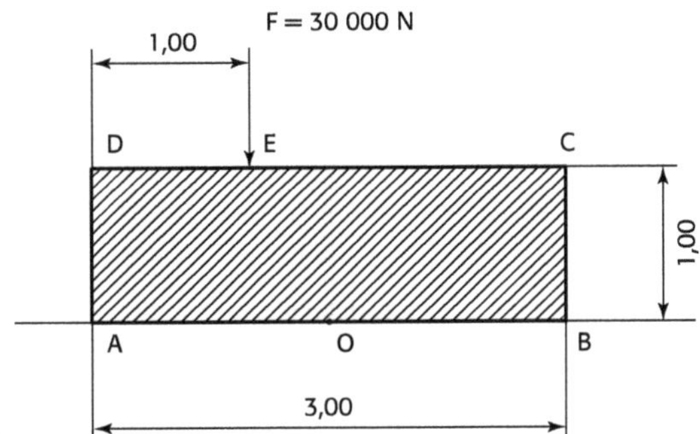

Figure 5.12.
Fondation parallélépipédique.

Ce mur est constitué d'un parallélépipède en béton de longueur 3,00 m, de hauteur 1,00 m et de largeur 1,00 m.

Ce mur supporte au point E une force F = 30 000 N (représentant, par exemple, la charge d'un poteau).

Sachant que le poids volumique du béton est de 23 000 N/m^3, étudiez la répartition des contraintes sur la face inférieure du mur (AB).

1. Déterminez la force de compression appliquée sur la face AB.

2. Calculez les contraintes extrêmes aux points A et B et dessiner la courbe de répartition des contraintes.

3. Déterminez la position P de la force extérieure unique représentant la résultante générale (P sur AB) et le couple appliqué à la section de base (face AB).

Solution

1. La résultante des forces est une force de compression : sa valeur est égale au poids de la maçonnerie, soit 69 000 N, augmenté du poids du poteau, soit 30 000 N, donc un total de 99 000 N.

2. La force $\vec{F}$ étant excentrée par rapport au centre de gravité de la section, produit un moment dans cette section, égal au produit de la force par le bras de levier de 0,50 m par rapport au centre de gravité O de la section, soit M = 15 000 mN.

Pour calculer les contraintes (dans la section horizontale AB), on applique la formule donnée ci-dessus :

$$\sigma = \frac{N}{S} \pm \frac{Mv}{I}$$

avec : N = 99 000 N ; S = 3 m^2 ; M = 15 000 mN ; v = 1,50 m et

$$I = \frac{bh^3}{12} = \frac{1 \times 3^3}{12} = 2{,}25 \text{ m}^4.$$

D'où σ = 33 000 ± 10 000 Pa, soit 23 000 Pa en B et 43 000 Pa en A, et la distribution trapézoïdale de la figure 5.13 :

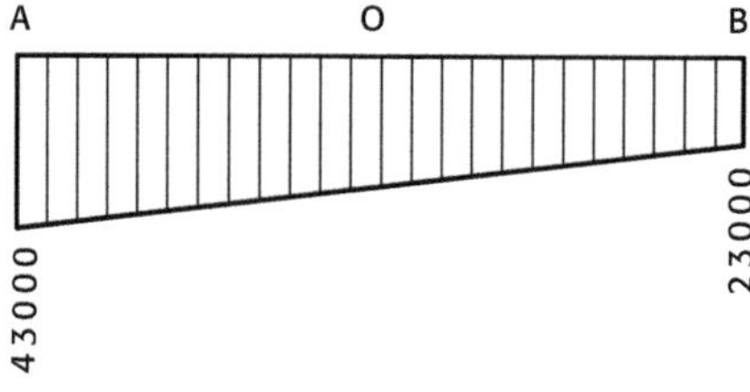

Figure 5.13. Distribution trapézoïdale des contraintes.

3. La force extérieure unique représentative de l'ensemble a pour valeur 99 000 N et doit être placée de manière à produire un moment égal à celui déterminé précédemment, soit 15 000 mN.

La position P du point d'application de la force est donc telle que :

$$OP = \frac{15000}{99000} = 0{,}1515 \text{ m},$$

P étant situé entre A et O.

Pour une hauteur de 3,00 m, le noyau central (ici, le tiers central), est situé 0,50 m de part et d'autre du point O. Le point P est donc situé largement à l'intérieur du noyau central, ce qui est vérifié par les valeurs positives des contraintes.

CHAPITRE 6

Contraintes produites par l'effort tranchant

6.1 Généralités

L'effort tranchant relatif à une section de poutre a pour effet de faire glisser la partie gauche de la poutre par rapport à la partie droite, le long de cette section : l'effort tranchant produit donc dans la section des efforts tangentiels, appelés aussi efforts de cisaillement.

Il ne produit d'ailleurs que des efforts tangentiels. Les efforts normaux qui sont concomitants aux efforts tangentiels, sont dus uniquement au moment fléchissant qui accompagne l'effort tranchant[12].

Dans le cas des poutres à plan moyen, l'effort tranchant $\overrightarrow{T}$ est dirigé selon l'axe Gy.

Les composantes t_y et t_z de la contrainte de cisaillement doivent satisfaire aux relations suivantes :

$$\sum t_y \cdot ds = T \tag{6.1}$$

$$\sum t_z \cdot ds = 0 \tag{6.2}$$

D'autre part, les composantes t_y et t_z sont liées entre elles. Il en résulte[13] qu'au voisinage du contour de la section, la contrainte de cisaillement est *parallèle* au contour (fig 6.1).

12. Rappelons que l'effort tranchant est la dérivée du moment fléchissant par rapport à l'arc de la fibre moyenne.
13. Nous l'admettrons sans démonstration.

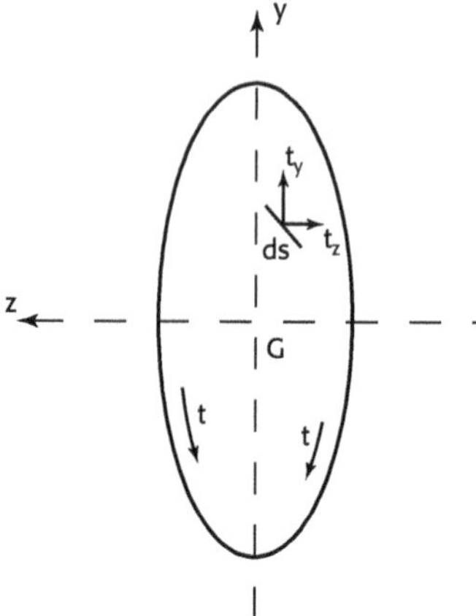

Figure 6.1. Contraintes tangentielles à l'intérieur d'une section.

D'autre part, considérons une poutre constituée de plusieurs lamelles superposées, de même longueur et de même épaisseur (fig. 6.2).

Cette poutre, reposant sur deux appuis simples de niveau, est chargée en son milieu. La poutre se déforme et chaque lamelle glisse par rapport aux lamelles adjacentes (fig. 6.2)

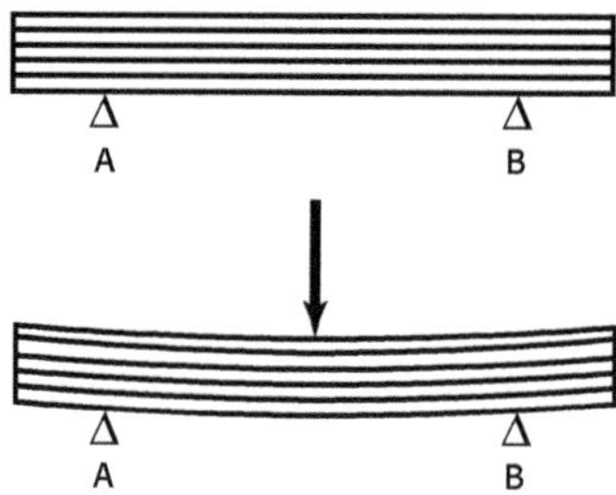

Figure 6.2. Poutre non chargée (en haut) et chargée (en bas).

Ce glissement est provoqué par des contraintes tangentielles longitudinales à la poutre.

La flexion simple engendre donc des contraintes de cisaillement dans deux catégories de plans perpendiculaires : le plan des sections droites (fig. 6.1) et les plans longitudinaux (fig. 6.2).

Ces résultats correspondent au **théorème de Cauchy :**

« Les contraintes de cisaillement agissant sur deux plans perpendiculaires sont telles que leurs composantes perpendiculaires à la droite d'intersection des deux plans sont égales et dirigées toutes deux, soit vers la droite, soit en sens inverse » (fig. 6.3).

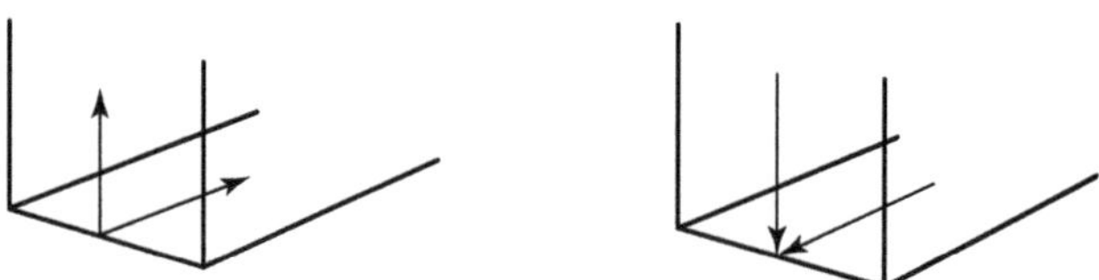

Figure 6.3. Contraintes tangentielles sur deux faces perpendiculaires.

6.2 Calcul de la contrainte de cisaillement

Une théorie simplifiée consiste à supposer que :

- la composante t_z de la contrainte est négligeable,
- la composante t_y de la contrainte est constante sur toute parallèle AB à l'axe Gz.

La valeur de la composante t_y est alors donnée par la formule :

$$t_y = \frac{T.m}{I.b} \tag{6.3}$$

où :

- T est l'effort tranchant ;
- m est le moment statique de l'aire hachurée sur la figure 6.4 ;
- I est le moment d'inertie de la section **totale** par rapport à Gz ;
- b est la largeur de la section suivant AB.

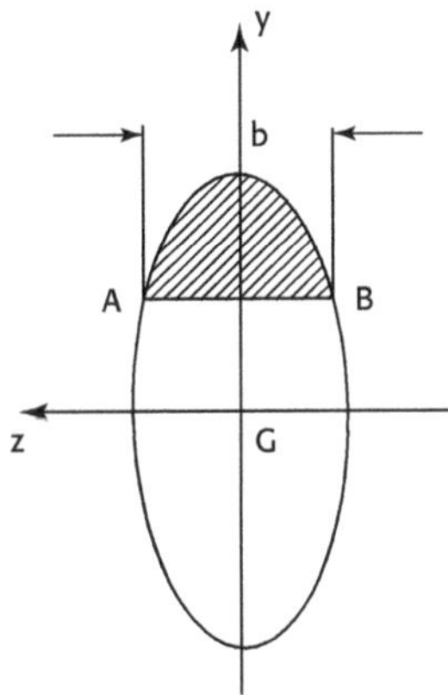

Figure 6.4. Contrainte de cisaillement sur la droite AB.

En effet, considérons un prisme élémentaire de section dS compris entre deux sections droites (S) et (S') infiniment voisines (distantes de ds), et situé au-dessus du plan AB (fig. 6.5).

En supposant qu'aucune force extérieure ne soit appliquée à la poutre entre les sections (S) et (S'), ce prisme est en équilibre sous l'action des forces suivantes :

- son poids, dans ce cas négligé ;
- sur la section (S) :
  - d'une part, les forces $\sigma \cdot dS$ dues aux contraintes normales résultant du moment fléchissant M,
  - d'autre part, les forces $t_y \cdot dS$ dues aux contraintes tangentielles résultant de l'effort tranchant T,
- sur la section (S') :
  - d'une part, les forces $\sigma' \cdot dS$ résultant du moment fléchissant = M + dM,
  - d'autre part, les forces $t_y \cdot dS$ résultant de l'effort tranchant T' = T (puisqu'il n'y a pas de force appliquée entre (S) et (S'),
- sur la face parallèle à ABA'B', les forces $t_y \cdot dz \cdot ds$ dues aux contraintes de cisaillement longitudinal.

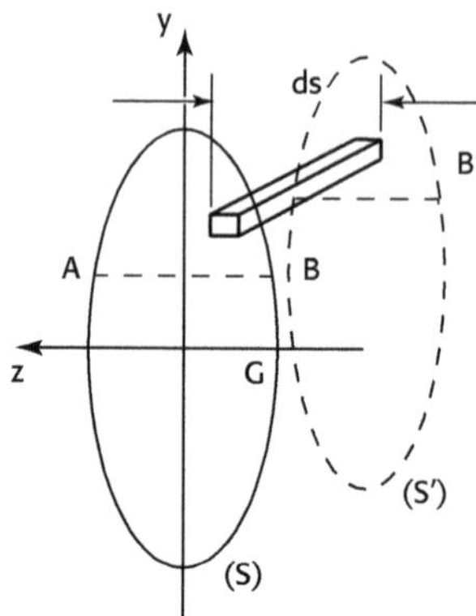

Figure 6.5. Contraintes appliquées à un prisme élémentaire.

Au total, l'égalité suivante doit être vérifiée :

$$\sigma\, dS - \sigma'\, dS + t_y\, dz\, ds = 0$$

avec :

$$dS = dz \cdot dy$$

soit :

$$\sigma\, dy - \sigma'\, dy + t_y ds = 0 \quad \text{et} \quad \frac{\sigma' - \sigma}{ds} = \frac{t_y}{dy}$$

Or :

$$\sigma = \frac{My}{I} \qquad \sigma - \sigma' = dM\frac{y}{I} \qquad \frac{\sigma' - \sigma}{ds} = \frac{dM}{ds}\frac{y}{I} = T\frac{y}{I}$$

d'où :

$$t_y = \frac{T}{I}y\, dy$$

Étendons maintenant la formule à l'ensemble de la surface hachurée de la figure 6.4.
On a :

$$\sum t_y = b\,t_y = \frac{T}{I}\sum y\,dy = \frac{Tm}{I}$$

car $\sum by\,dy = m$: moment statique par rapport à l'axe Gz.
On a bien démontré la formule 6.3 :

$$\boxed{t_y = \frac{Tm}{Ib}}$$

Il est possible de vérifier que les relations (6.1) et (6.2) sont satisfaites.

La composante t_y de la contrainte varie avec l'ordonnée y comme le rapport $\frac{m}{b}$ puisque m et b sont fonction de y.
Elle est nulle aux points les plus éloignés de l'axe G*z* et passe par un maximum pour l'ordonnée *y* correspondant au maximum de $\frac{m}{b}$. Ce maximum est généralement atteint pour y = 0 (mais ce n'est pas toujours vrai).

Considérons le cas particulier de la contrainte appliquée au niveau du centre de gravité ($y = 0$).

Dans le plan Gxy (c'est-à-dire le plan moyen de la poutre), les contraintes normales dues au moment fléchissant sont représentées par une droite A'B' passant par G (fig. 6.6).

Rappelons que la contrainte normale est proportionnelle à l'ordonnée y selon la formule :

$$\sigma = \frac{M}{I} y.$$

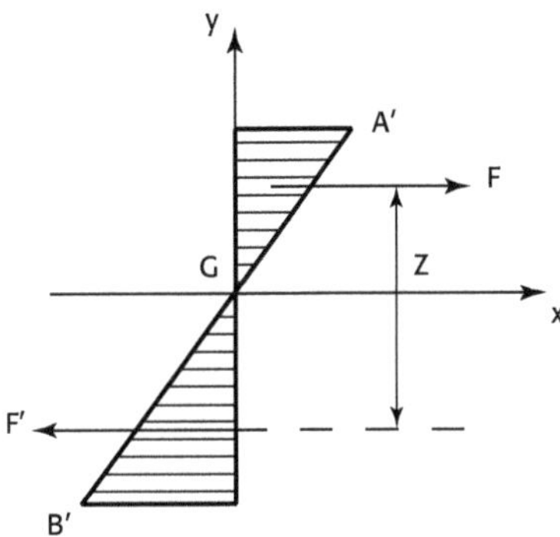

Figure 6.6. Contraintes normales dans le plan moyen.

La partie GA' de la ligne représentative des contraintes correspond aux ordonnées positives ($y > 0$), c'est à dire aux contraintes de compression. La partie GB' correspond aux contraintes de traction.

L'ensemble des forces de compression a pour résultante une force $\overrightarrow{F}$ passant par le centre de gravité du triangle GAA'.

De même, les forces de traction ont pour résultante une force $\overrightarrow{F'}$ passant par le centre de gravité du triangle GBB'.

Pour obtenir un état d'équilibre, le système des forces $\overrightarrow{F}$ et $\overrightarrow{F'}$ qui sont des forces élastiques intérieures, doit compenser le système des forces extérieures, qui, dans le cas d'un seul moment fléchissant, se réduit à un couple. Donc $\overrightarrow{F}$ et $\overrightarrow{F'}$ doivent former un couple, c'est-à-dire : $\overrightarrow{F} = - \overrightarrow{F'}$.

Z désignant le bras de levier du couple, on obtient : $M = F \times Z$.

Or, la formule donnant la valeur de la contrainte de cisaillement t_y s'écrit :

$$t_y = \frac{T.m}{I.b},$$

où m est ici le moment statique de la partie de la section située au-dessus de l'axe Gz (fig. 6.7), soit $m = \sum y \cdot ds$.

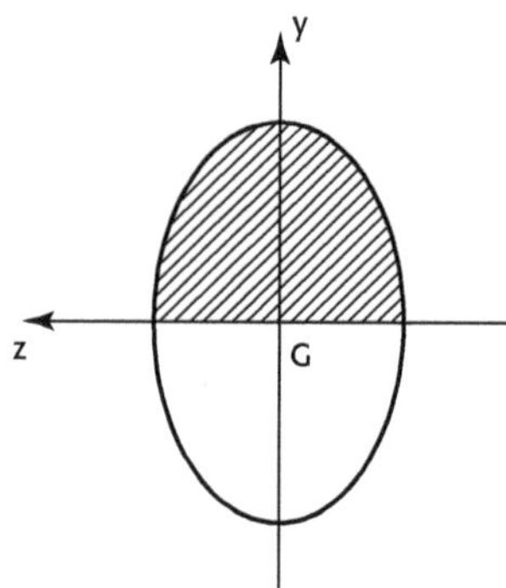

Figure 6.7. Section située au-dessus de l'axe Gz.

Remplaçons y par sa valeur tirée de la formule donnant la contrainte normale :

$$\sigma = \frac{My}{I}, \qquad \text{soit} \quad y = \sigma \frac{I}{M},$$

On obtient :

$$m = \Sigma\left(\sigma \frac{I}{M} ds\right) = \frac{I}{M} \Sigma \ (\sigma \cdot ds)$$

où $\Sigma(\sigma \cdot ds)$ représente la somme des forces élastiques situées au-dessus de l'axe Gz, c'est-à-dire la somme des forces élastiques de compression, soit leur résultante F.

Nous obtenons donc :

$$m = \frac{IF}{M} = \frac{I}{Z}$$

La formule donnant la contrainte de cisaillement au niveau du centre de gravité devient alors la formule simple suivante :

$$t_y = \frac{T}{bZ}$$

Remarque

La valeur (généralement maximale) de la contrainte de cisaillement au niveau du centre de gravité est supérieure à celle qui résulterait de l'hypothèse selon laquelle la contrainte serait uniforme tout le long de la section. Dans ce dernier cas, on aurait en effet : $t = \frac{T}{S}$, qui est généralement inférieur à $\frac{T}{bZ}$.

6.3 Étude de quelques sections particulières

6.3.1 Section rectangulaire de hauteur 2h et de largeur b

Pour cette section, les caractéristiques I, m et t_y sont :

$$I = \frac{2}{3}bh^3$$

$$m = \frac{b}{2}(h^2 - y^2)$$

$$t_y = \frac{3T(h^2 - y^2)}{4bh^3}$$

En introduisant l'aire de la section : S = 2bh, on a :

$$t_y = \frac{3}{2}\frac{T}{S}\left(1 - \frac{y^2}{h^2}\right)$$

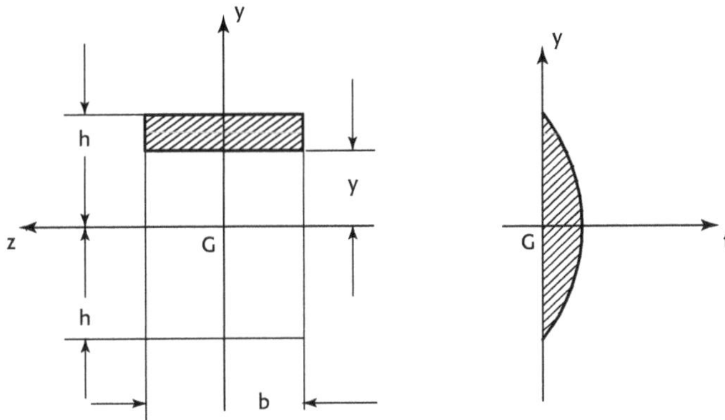

Figure 6.8. Répartition des contraintes de cisaillement dans une section rectangulaire.

La répartition de la contrainte de cisaillement sur la hauteur de la section suit une loi parabolique (fig. 6.8), et le maximum, obtenu pour y = 0, est égal à **1,5 fois** la contrainte *moyenne* $\frac{T}{S}$.

6.3.2 Section circulaire de rayon R

La contrainte de cisaillement est définie par :

$$t_y = \frac{4}{3} \times \frac{T}{S}\left(1 - \frac{y^2}{R^2}\right)$$

La répartition des contraintes sur la hauteur de la section est parabolique, le maximum, obtenu pour y = 0, étant les **quatre tiers** de la contrainte moyenne.

6.3.3 Section en double-té symétrique par rapport à l'axe Gz

Désignons par s, la section de l'âme, s', la section d'une membrure, λ, le rapport $\frac{s}{s'}$.

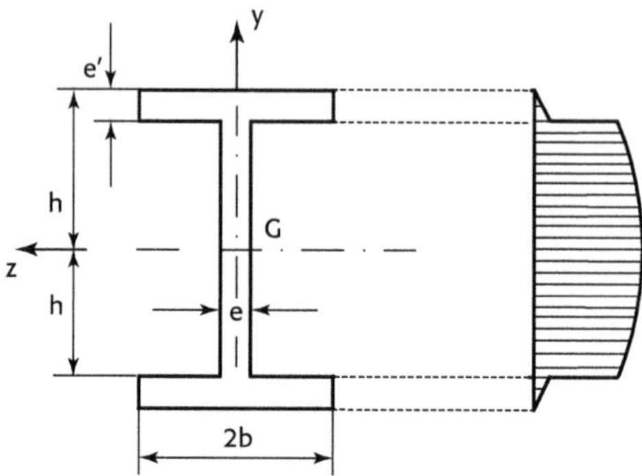

Figure 6.9. Répartition des contraintes de cisaillement dans une section en double-té.

Si e et e' sont petits devant h et b, c'est-à-dire si les termes de degré supérieur ou égal à 2 sont négligés, les résultats suivants sont obtenus : la contrainte de cisaillement est maximale au niveau du centre de gravité (fig. 6.9) et a pour valeur :

$$t = \frac{T}{s} \times \frac{1+\frac{\lambda}{4}}{1+\frac{\lambda}{6}} = k\frac{T}{s}$$

Le coefficient k a pour valeur 1,045 pour λ = 0,6 et 1,031 pour λ = 0.4.

Dans la mesure où la contrainte de cisaillement diminue légèrement du centre vers les membrures, il résulte que l'on a, sur toute la hauteur de l'âme, avec une bonne approximation (< 4 %), d'autant meilleure que $\lambda = \frac{s}{s'}$ est petit :

$$t \approx \frac{T}{s}$$

On peut donc effectuer le calcul comme si l'âme seule supportait l'effort tranchant.

Remarque

Seule la contrainte t_y a été prise en compte Or, nous avons vu, à la fin du paragraphe 6.1, que la contrainte de cisaillement devait être parallèle au contour de la section. Dans le cas de profils de faible épaisseur, il est admis que la contrainte est répartie *uniformément* sur l'épaisseur. Dans les membrures, la contrainte devient donc négligeable, tandis que se développe une contrainte t_z. On calcule cette contrainte en effectuant une coupure C normale au contour (fig. 6.10). Si e' désigne l'épaisseur de la membrure, m le moment statique de l'aire hachurée, I le moment d'inertie de la section *totale* par rapport à l'axe Gz, la contrainte de cisaillement est définie par :

$$t_z = \frac{T.m}{I.e'}$$

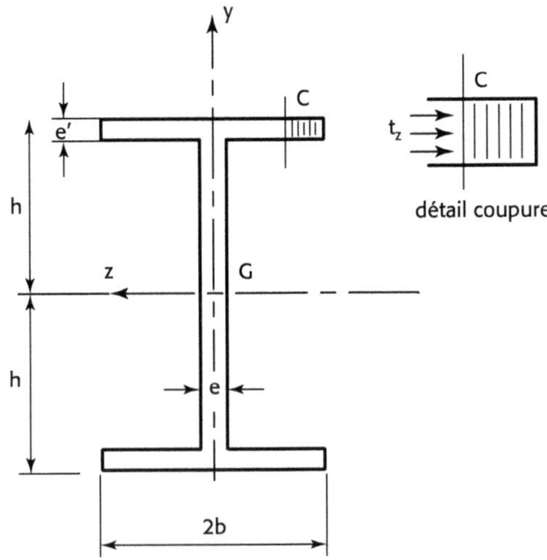

Figure 6.10. Contrainte de cisaillement dans une membrure.

Exercice

Étude d'une poutre de section rectangulaire

Énoncé

Considérons une poutre de section rectangulaire de hauteur 1 m et de largeur 0,50 m. Cette poutre, de longueur 10 m, est placée à ses extrémités sur des appuis simples A et B.

Sachant qu'elle supporte en son milieu C une charge concentrée de 100 000 = N, calculez, au point D d'abscisse 2,00 m par rapport à A (fig. 6.11) :

1. la contrainte maximale de compression σ. Tracez le diagramme des contraintes ;
2. le bras de levier Z du couple élastique ;
3. la contrainte maximale de cisaillement t. On négligera volontairement le *poids propre* de la poutre.

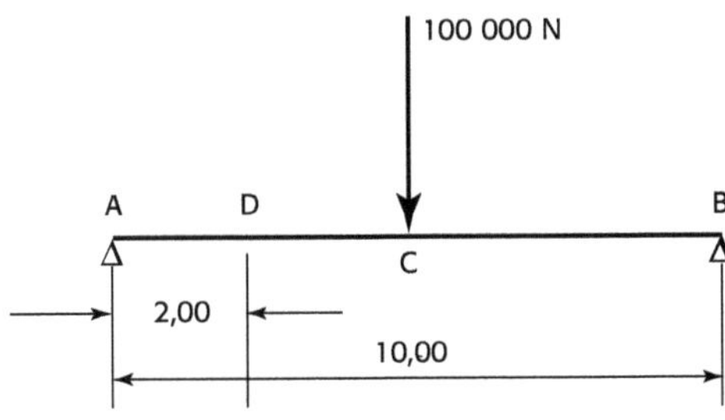

Figure 6.11.

Solution

Dans un premier temps, il faut calculer les réactions d'appui ; le point C étant au milieu de AB, les réactions sont égales à la moitié de la charge, soit 50 000 N.

Le moment fléchissant en D est égal au moment de la seule force à gauche, la réaction en A, soit M = 50 000 × 2 = 100 000 mN.

L'effort tranchant est égal à la réaction en A, soit T = 50 000 N.

Le moment d'inertie de la section est :

$$I = \frac{bh^3}{12} = \frac{0{,}50}{12}\ m^4$$

1. La contrainte normale est donnée par la formule

$$\sigma = \frac{M}{I} \cdot y$$

Elle est nulle en G et maximale aux bords supérieur et inférieur de la poutre.

La contrainte maximale de compression est donc :

$$\sigma = \frac{100\,000}{\frac{0{,}50}{12}} \times 0{,}50 = 1\,200\,000\ \text{Pa} = 1{,}2\ \text{MPa}$$

Le diagramme des contraintes est ainsi formé de deux triangles égaux, de sommet G et de base 1,2 MPa. (fig. 6.12)

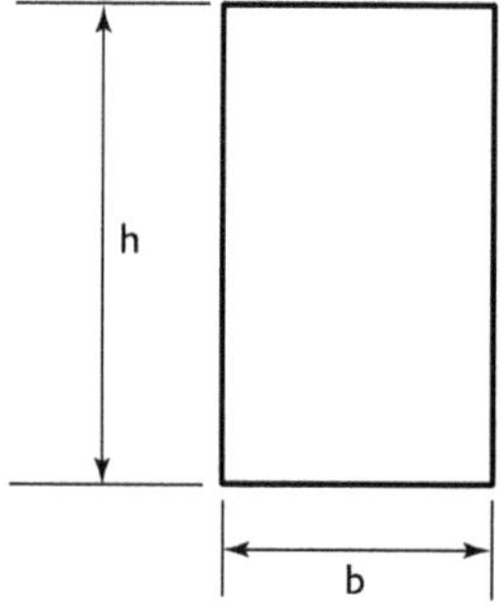

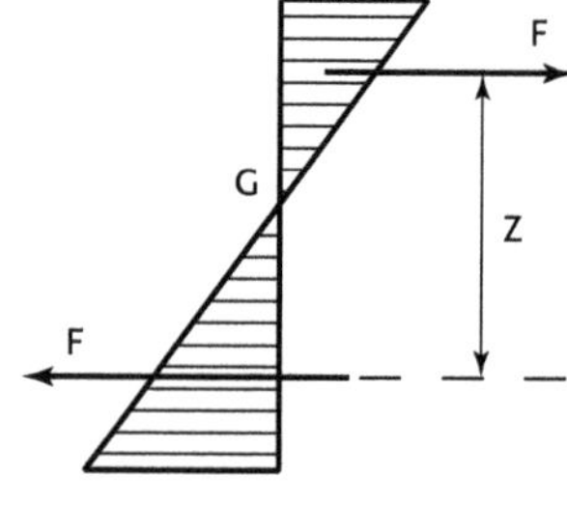

Figure 6.12.

2. Les forces élastiques $\overrightarrow{F}$ de compression et de traction passent par le centre de gravité de chaque triangle. Le bras de levier du couple élastique est donc égal à $2/3h$, soit $Z = 2/3m$.

3. La contrainte maximale de cisaillement est :

$$t = \frac{T}{bZ} = \frac{50\,000}{0{,}50 \times \frac{2}{3}} = 150\,000\ \text{Pa} = 0{,}15\ \text{MPa}\,.$$

Remarque

Nous vérifions que la contrainte maximale de cisaillement est bien égale à 1,5 fois la contrainte moyenne :

$$\frac{T}{S} = \frac{50\ 000}{1 \times 0{,}50} = 100\ 000\ \text{Pa}$$

Exercice

Poutre de section rectangulaire – Autre section

Énoncé

Même exercice en considérant un point D d'abscisse 4,00 m par rapport à A.

Solution

Le moment fléchissant devient : M = 200 000 mN.

L'effort tranchant reste constant : T = 50 000 N.

1. La contrainte maximale de compression, proportionnelle à M, double également et devient égale à 2,4 MPa.

2. Le diagramme des contraintes est toujours formé de triangles égaux opposés par le sommet : Z reste égal à 2/3h = 2/3m.

3. T,Z et b n'ayant pas varié, t reste égal à $1{,}5 \cdot 10^5 \cdot$ Pa.

CHAPITRE 7

Contraintes engendrées par le moment de torsion

7.1 Résultats de la théorie de la torsion

La théorie élémentaire de la torsion donnant des résultats inexacts et la théorie correcte étant très compliquée, nous nous bornerons à donner les résultats de cette dernière théorie relatifs à des sections simples : elliptique et rectangulaire.

Rappelons que le moment de torsion est un moment qui tend à faire tourner chaque section dans son propre plan (fig. 7.1).

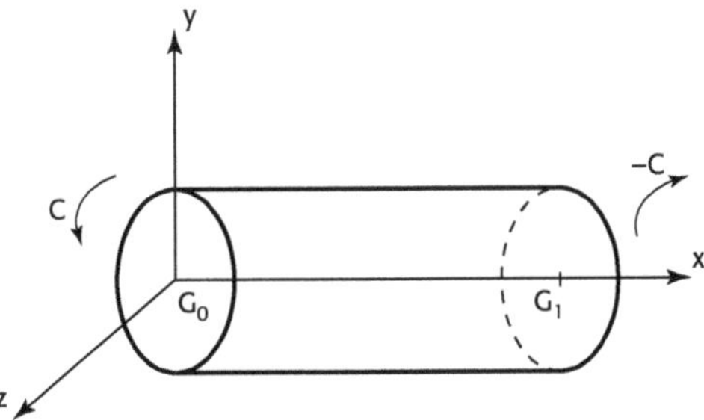

Figure 7.1. Pièce cylindrique soumise à un couple de torsion.

En réalité, contrairement à ce que suppose la théorie élémentaire, les sections ne restent en général pas planes lors de la déformation, ce qui complique les résultats.

Les contraintes produites sont *uniquement des contraintes de cisaillement.*

7.1.1 Section elliptique

Considérons C la valeur du moment de torsion. Les composantes de la contrainte de cisaillement en un point M, de coordonnées y et z (fig. 7.2) sont :

$$t_z = -\frac{2Cz}{\pi ab^3} \qquad t_y = \frac{2Cy}{\pi a^3 b}$$

Il en résulte que, si P est un point du contour :

- en un point M de GP, la contrainte de cisaillement est parallèle à la tangente en P au contour ;
- le long de GP, la contrainte de cisaillement est produite à l'extrémité du petit axe et a pour valeur :

$$t_m = \frac{-2C}{\pi ab^2}$$

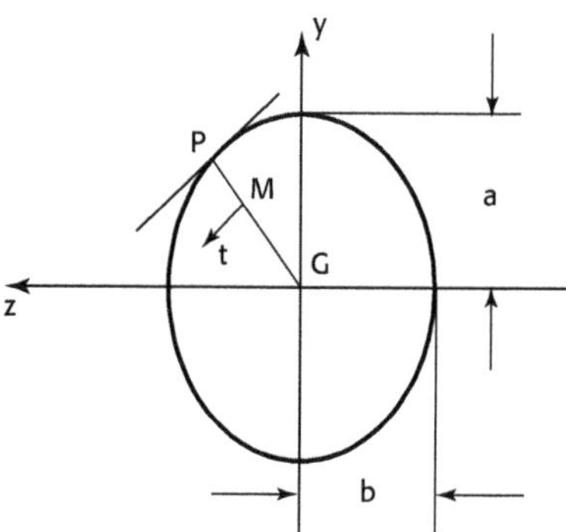

Figure 7.2. Section elliptique.

7.1.2 Section circulaire

Il suffit de remarquer qu'une section circulaire n'est qu'une section elliptique particulière, c'est-à-dire que a = b. Ainsi, à partir des résultats précédents, on obtient :

$$t_z = \frac{-2Cz}{\pi R^4} \qquad t_y = \frac{2Cy}{\pi R^4}$$

De plus, on démontre qu'une section plane reste plane après déformation.

7.1.3 Section rectangulaire

Les résultats de la théorie sont très complexes. Nous nous bornerons au cas d'un rectangle très étroit, de hauteur b et d'épaisseur e (e étant très petit devant b).

La contrainte de cisaillement maximale est définie par :

$$t = \frac{C}{\frac{1}{3}be^2} = \frac{3C}{be^2}$$

C étant le moment de torsion.

Exercice

Étude d'un barreau circulaire

Énoncé

Considérons un barreau circulaire de 100 mm de diamètre dont l'extrémité A est bloquée ; on serre une clé à l'extrémité B et on applique à l'extrémité de cette clé, de bras de levier d = 200 mm, une force F = 10 000 N, qui produit un couple de torsion. À l'extrémité A se forme un couple de réaction égal et opposé au couple de torsion (fig. 7.3).

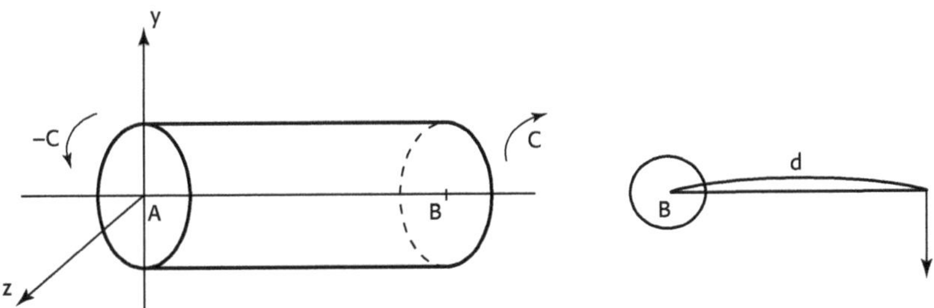

Figure 7.3. Torsion d'un barreau circulaire.

Calculez la contrainte de cisaillement dans une section quelconque :

1. au centre de gravité de la section ;
2. en un point du pourtour de la section.

Solution

Calculons d'abord le couple de torsion : C = F × d = 10 000 N × 0,2 = 2 000 m · N.

On en déduit immédiatement les contraintes de cisaillement :

1. au centre de gravité (c'est-à-dire sur l'axe longitudinal du barreau), y = 0 et z = 0, d'où t = 0, ce qui est normal puisque la torsion s'effectue autour de cet axe.

2. sur le pourtour, on a :

$$t_y = \frac{2Cy}{\pi R^4} \qquad t_z = \frac{-2Cz}{\pi R^4}$$

d'où :

$$t = \sqrt{t_y^2 + t_z^2} = \frac{2C}{\pi R^4}\sqrt{y^2 + z^2}$$

$$= \frac{2C}{\pi R^4} \times R = \frac{2C}{\pi R^3} = \frac{4000}{\pi (0,05)^3} = 10,2.10^6 \text{ Pa} = 10.2 \text{ MPa}$$

Exercice

Étude d'une tôle d'acier

Énoncé

Considérons une tôle d'acier de 10 mm d'épaisseur et de 1 m de largeur, dont les extrémités A et B sont soumises à des forces égales et opposées (fig. 7.4).

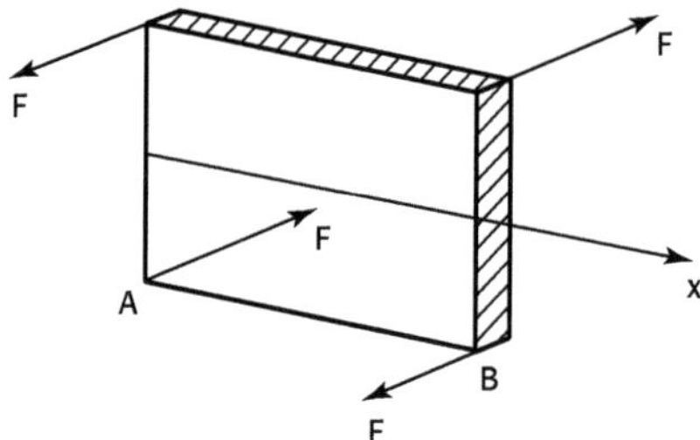

Figure 7.4. Torsion d'une tôle d'acier.

Calculez la contrainte maximale de cisaillement dans la tôle, avec F = 1 000 N.

Solution

Le couple est C = 1 000 N × 1 m = 1 000 Nm.

La contrainte maximale de cisaillement est :

$$t = \frac{1000 \times 3}{1 \times 0,01^2} = 3.10^7 \text{ Pa} = 30 \text{ MPa}$$

CHAPITRE 8

Poutres droites isostatiques

8.1 Poutres sur appuis simples

8.1.1 Définition

Une poutre sur appuis simples, appelée encore poutre à *travée indépendante*, est une poutre droite reposant sur deux appuis simples, susceptibles de ne développer que deux réactions R_A et R_B normales à la fibre moyenne de la poutre (fig. 8.1).

Ces appuis sont généralement constitués de plaques de Néoprène[14], qui, moyennant une épaisseur convenable, peuvent supporter, par leur déformation propre, les déplacements des extrémités de poutre dus à la dilatation (fig. 8.2).

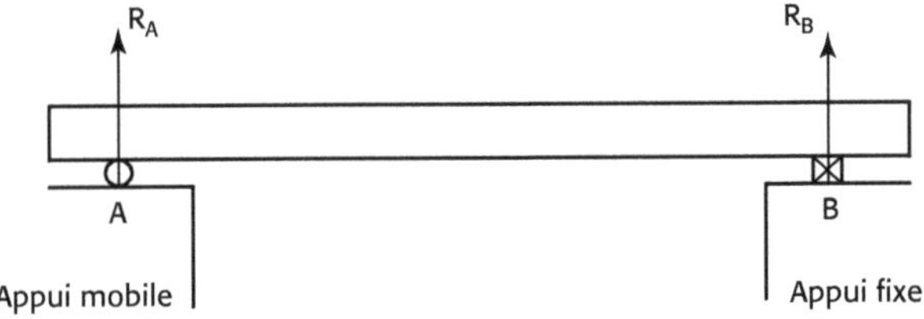

Figure 8.1. Poutre comportant un appui fixe et un appui mobile.

14. Matériau très élastique ressemblant un peu au caoutchouc.

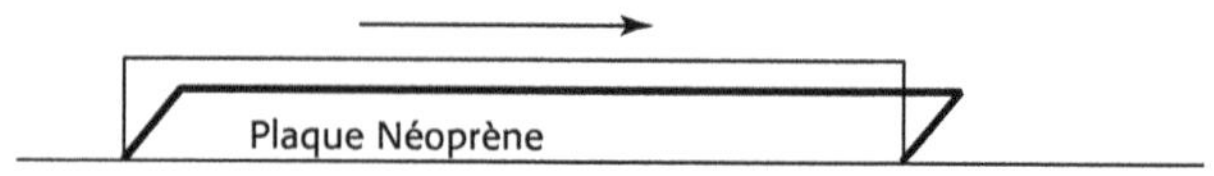

Figure 8.2. Appui par plaque Néoprène.

Les forces appliquées à la poutre sont des forces verticales (poids).

8.1.2 Calcul des efforts et des moments sous une charge concentrée – Lignes d'influence

8.1.2.1 Calcul des efforts et des moments

Plaçons l'origine des abscisses à l'appui de gauche A, et supposons qu'une seule charge concentrée $\vec{P}$ soit appliquée dans la section (C), à l'abscisse a (fig 8.3).

Les réactions $\vec{R_A}$ et $\vec{R_B}$ sont calculées comme indiqué au paragraphe 4.2.3, c'est-à-dire :

$$R_A = P\left(1 - \frac{a}{\ell}\right) \qquad \text{et} \qquad R_B = P\,\frac{a}{\ell}$$

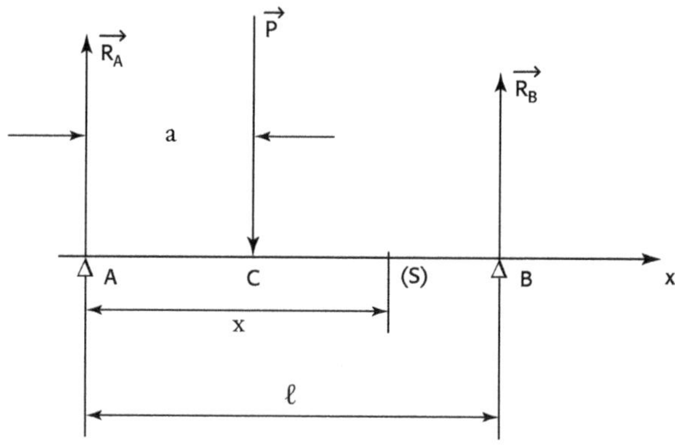

Figure 8.3. Poutre à travée indépendante soumise à une force concentrée $\vec{P}$.

L'effort tranchant et le moment fléchissant sont définis par (voir paragraphe 4.3.3) :

$$T = \begin{cases} P\left(1 - \frac{a}{\ell}\right) & \text{si } x < a \\ -P\,\frac{a}{\ell} & \text{si } x > a \end{cases} \qquad M = \begin{cases} P\,\frac{x(\ell - a)}{\ell} & \text{si } x < a \\ P\,\frac{a\,(\ell - x)}{\ell} & \text{si } x > a \end{cases}$$

En faisant varier x, **a restant constant,** les *lignes représentatives* de la figure 8.4 sont obtenues.

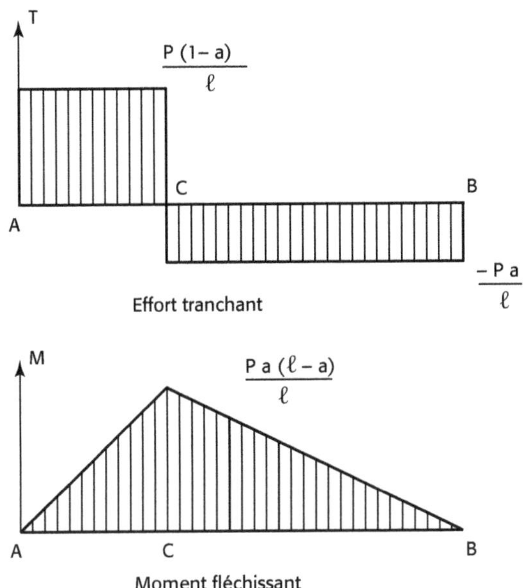

Figure 8.4. Lignes représentatives de l'effort tranchant et du moment fléchissant.

8.1.2.2 Lignes d'influence

Considérons une charge *unité* verticale, pouvant se déplacer le long de la poutre. On se trouve ainsi dans le cas précédent où P = 1 et où **a est variable,** non plus constant.

Cette charge *unité* produit un certain nombre d'*effets élastiques* tels que moment fléchissant, effort tranchant, réactions d'appui, etc.

On appelle *fonction d'influence* d'un effet élastique, la fonction $\mathcal{F} = \mathcal{F}(a)$ représentant la variation de l'effet élastique en fonction de l'abscisse de la charge unité.

La courbe représentative de la fonction $\mathcal{F}(a)$ est appelée *ligne d'influence* de l'effet élastique considéré.

Ligne d'influence de la réaction R_A

On a :

$$R_A = 1\left(1 - \frac{a}{\ell}\right) \qquad \text{puisque P = 1}$$

La fonction d'influence est donc :

$$F(a) = \left(1 - \frac{a}{\ell}\right), \qquad \text{a variant de 0 à } \ell$$

La ligne d'influence est donc une droite passant par les points A(0 ; 1) et B(ℓ ; 0) (fig. 8.5).

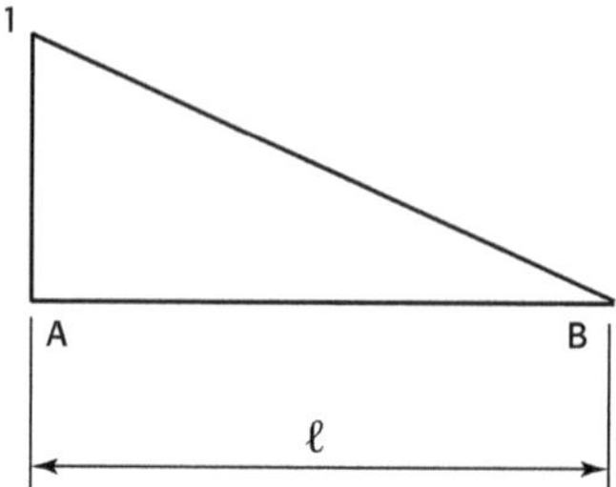

Figure 8.5. Ligne d'influence de la réaction R_A.

Ligne d'influence de l'effort tranchant dans une section d'abscisse x

Nous avons :

$$\begin{cases} T = 1 - \dfrac{a}{\ell} & \text{si } a > x \\ T = \dfrac{-a}{\ell} & \text{si } a < x \end{cases}$$

Rappelons que dans le cas de la ligne d'influence, x est constant et a est variable.

La ligne d'influence se compose de deux segments de droites parallèles.

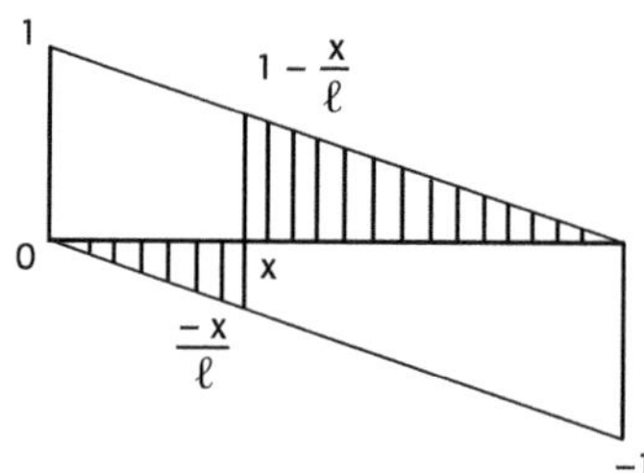

Figure 8.6. Ligne d'influence de l'effort tranchant.

D'après la figure 8.6 il est très facile d'obtenir la ligne d'influence de l'effort tranchant dans une section d'abscisse *x* quelconque.

Ligne d'influence du moment fléchissant dans une section d'abscisse x

Nous avons :

$$M = \frac{x(\ell - a)}{\ell} \qquad \text{si } a > x$$

$$M = \frac{a}{\ell}(\ell - x) \qquad \text{si } a < x$$

La ligne d'influence se compose de deux segments de droites (fig. 8.7).

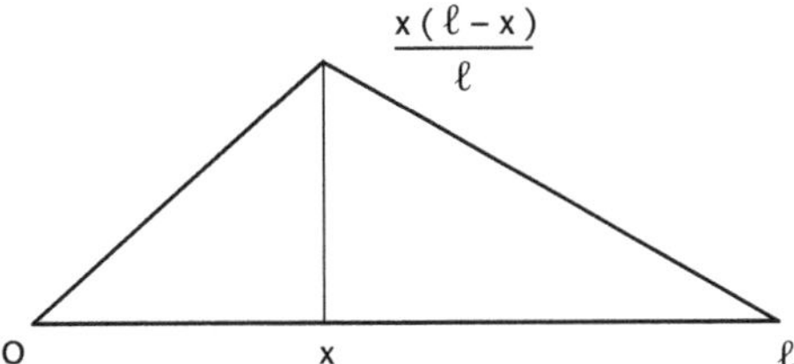

Figure 8.7. Ligne d'influence du moment fléchissant.

Dans ces trois exemples on obtient la valeur de l'effet, dans une section d'abscisse x, d'une force *unité* placée dans une section d'abscisse a, en considérant l'ordonnée de la ligne d'influence correspondant à la section d'abscisse a.

Si, au lieu d'une force unité une force d'intensité P était appliquée, on obtiendrait l'effet correspondant en multipliant par P la valeur de l'ordonnée précédente.

8.1.3 Systèmes de charges concentrées : principe de superposition des charges – Effet d'un convoi – Théorème de Barré

8.1.3.1 Systèmes de charges concentrées : principe de superposition des charges

Les lignes d'influences, traitées dans le précédent paragraphe, sont utiles pour effectuer un calcul intermédiaire lors de l'étude des systèmes de charges concentrées.

Considérons une poutre soumise à un système de charges concentrées, au nombre de trois, ayant les caractéristiques suivantes (fig. 8.8) :

- P_1 appliquée à l'abscisse a_1 ;
- P_2 appliquée à l'abscisse a_2 ;
- P_3 appliquée à l'abscisse a_3.

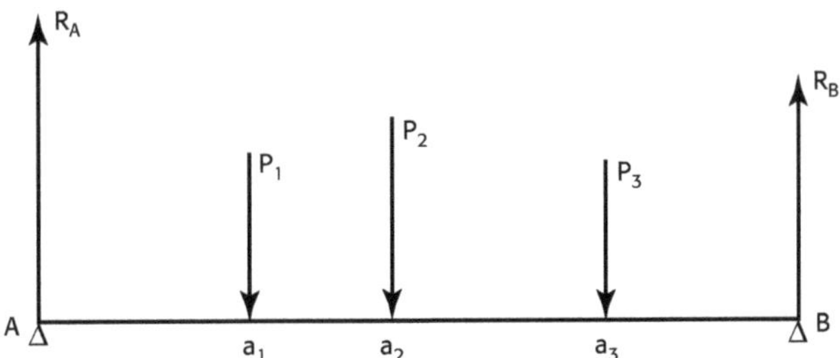

Figure 8.8. Poutre chargée de charges concentrées.

Le calcul de l'effet de ces trois charges peut s'effectuer selon la méthode développée dans les chapitres précédents pour la détermination du moment fléchissant, de l'effort tranchant, des diverses contraintes, etc.

En particulier, les résultats fondamentaux suivants ont été obtenus :

- d'une part, les contraintes (normales ou tangentielles), sont toujours proportionnelles au moment fléchissant, à l'effort tranchant ou au moment de torsion ;
- d'autre part, ces moments et efforts sont eux-mêmes proportionnels aux forces agissant sur les pièces étudiées.

Donc si donc une force extérieure $\overrightarrow{F}$ produit une réaction $\overrightarrow{R}$, un moment $\overrightarrow{M}$ et un effort tranchant $\overrightarrow{T}$ et une autre force extérieure $\overrightarrow{F'}$ produit une réaction $\overrightarrow{R'}$, un moment $\overrightarrow{M'}$ et un effort tranchant $\overrightarrow{T'}$, le système de forces $(\overrightarrow{F} + \overrightarrow{F'})$ produira une réaction $(\overrightarrow{R} + \overrightarrow{R'})$, un moment $(\overrightarrow{M} + \overrightarrow{M'})$ et un effort tranchant $(\overrightarrow{T} + \overrightarrow{T'})$, sous réserve que le matériau ne subisse pas des contraintes supérieures à celles qu'il est susceptible de supporter.

Ce résultat, applicable aux forces concentrées, l'est également pour les charges réparties, celles-ci pouvant être considérées comme une somme de charges concentrées infiniment rapprochées.

Ce résultat porte le nom de *principe de superposition des charges,* ou encore parfois *principe de superposition des états d'équilibre,* en tenant compte de la remarque ci-dessus concernant le non dépassement des contraintes admissibles.

Pour le cas particulier qui nous intéresse, il est facile de calculer la réaction R_A, par exemple, à partir de la ligne d'influence, en la considérant comme la somme des réactions correspondant à chacune des charges concentrées.

En appliquant la formule concernant la ligne d'influence de la réaction d'appui déterminée ci-dessus, nous obtenons immédiatement :

$$R_A = \frac{1}{\ell}\left[P_1(\ell - a_1) + P_2(\ell - a_2) + P_3(\ell - a_3)\right]$$

Pour le calcul de *l'effort tranchant,* constant dans tout l'intervalle limité par le point d'application de deux charges consécutives, il suffit de connaître sa valeur en un point de chaque intervalle $(O \cdot a_i)$.

Pour le calcul du *moment fléchissant,* l'effort tranchant étant constant par intervalles, le moment fléchissant est représenté par des segments de droites dans ces intervalles.

Sa ligne représentative est une ligne brisée dont les sommets se situent au droit des points d'application des charges : il suffit donc de connaître les valeurs du moment fléchissant aux abscisses a_1, a_2 et a_3.

Les détails des calculs sont donnés dans le tableau ci-après.

La vérification de l'exactitude des calculs se fait en trouvant $M(\ell) = 0$.

Abscisses	Charges	Efforts tranchants	Moments fléchissants
0	–	$T_0 = R_0 =$ $\frac{1}{\ell}[P_1(\ell - a_1) + P_2(\ell - a_2) + P_3(\ell - a_3)]$	$M_0 = 0$
a_1	P_1	$T_1 = T_0 - P_1 =$ $\frac{1}{\ell}[-P_1 a_1 + P_2(\ell - a_2) + P_3(\ell - a_3)]$	$M_1 = M_0 + T_0 a_1 =$ $= \frac{a_1}{\ell}[P_1(\ell - a_1) + P_2(\ell - a_2) + P_3(\ell - a_3)]$
a_2	P_2	$T_2 = T_1 - P_2 =$ $\frac{1}{\ell}[-P_1 a_1 - P_2 a_2 + P_3(\ell - a_3)]$	$M_2 = M_1 + T_1(a_2 - a_1) =$ $\frac{1}{\ell}[-P_1 a_1(\ell - a_2) + P_2 a_2(\ell - a_2) + P_3 a_2(\ell - a_3)]$
a_3	P_3	$T_3 = T_2 - P_3 = -R_\ell =$ $\frac{-1}{\ell}[-P_1 a_1 + P_2 a_2 + P_3 a_3]$	$M_3 = M_2 + T_2(a_3 - a_2) =$ $\frac{\ell - a_3}{\ell}[P_1 a_1 + P_2 a_2 + P_3 a_3]$
ℓ	–	$T_\ell = T_3$	$M_\ell = M_3 + T_3(\ell - a_3) = 0$

Tableau 8.1. Effort tranchant et moment fléchissant selon l'abscisse.

Il est possible d'effectuer le même calcul à partir des lignes d'influence. Pour cela, traçons la ligne d'influence du moment fléchissant dans la section d'abscisse a_1 (fig. 8.9).

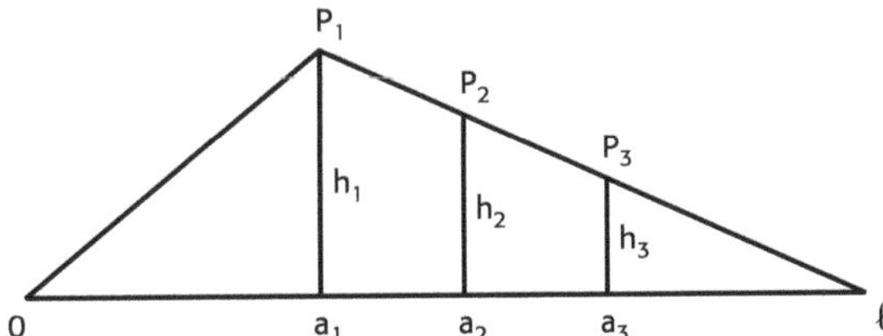

Figure 8.9. Ligne d'influence du moment fléchissant à l'abscisse a_1.

Le moment fléchissant du système de forces P_1, P_2 et P_3 est égal à $P_1 \times h_1 + P_2 \times h_2 + P_3 \times h_3$, h_i représentant le moment fléchissant, en a_i, de la force unité placée en a_i.

Nous savons que :

$$h_1 = a_1 \frac{\ell - a_1}{\ell}$$

Or, dans les triangles semblables, l'application du théorème de Thalès permet d'écrire :

$$\frac{h_2}{h_1} = \frac{\ell - a_2}{\ell - a_1}$$

d'où :

$$h_2 = h_1 \frac{\ell - a_2}{\ell - a_1} \quad \text{et, de même,} \quad h_3 = h_1 \frac{\ell - a_3}{\ell - a_1}.$$

Finalement, le moment fléchissant est égal à :

$$M_1 = \frac{a_1}{\ell}[P_1(\ell - a_1) + P_2(\ell - a_2) + P_3(\ell - a_3)]$$

Le tracé de la ligne d'influence du moment fléchissant dans la section d'abscisse a_2 est donné à la figure 8.10

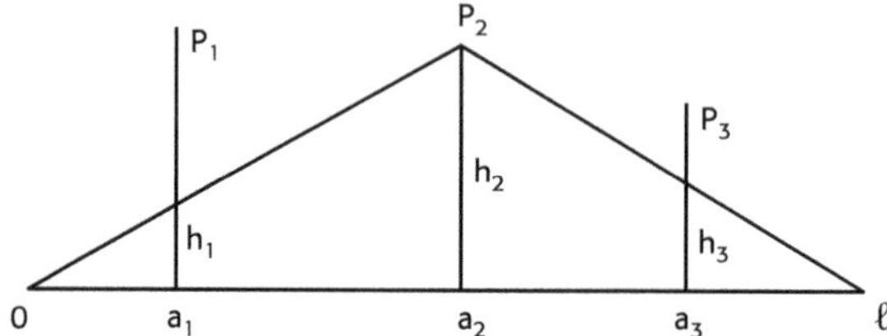

Figure 8.10. Ligne d'influence du moment fléchissant à l'abscisse a_2.

On sait que : $M_1 = P_1h_1 + P_2h_2 + P_3h_3$. En refaisant le calcul précédent, on obtient :

$$h_2 = a_2 \frac{\ell - a_2}{\ell} \qquad h_1 = \frac{a_1}{\ell}(\ell - a_2) \qquad h_3 = \frac{a_2}{\ell}(\ell - a_3)$$

Ce qui permet de retrouver le résultat donné dans le tableau précédent :

$$M_2 = \frac{1}{\ell}\left[P_1 a_1(\ell - a_2) + P_2 a_2(\ell - a_2) + P_3 a_2(\ell - a_3)\right]$$

La valeur de M_3 donnée dans le tableau peut être calculée de la même manière.

En conclusion, le calcul par les lignes d'influence est beaucoup plus rapide que le calcul direct, notamment grâce au fait qu'il ne nécessite pas le calcul des réactions d'appui.

De plus, cette méthode offre la possibilité de mesurer *graphiquement* les différentes valeurs de h, à condition que l'échelle soit choisie de sorte que l'erreur de lecture soit acceptable.

Ci-dessous est également donnée une image des lignes représentatives de l'effort tranchant et du moment fléchissant (fig. 8.11 et fig. 8.12).

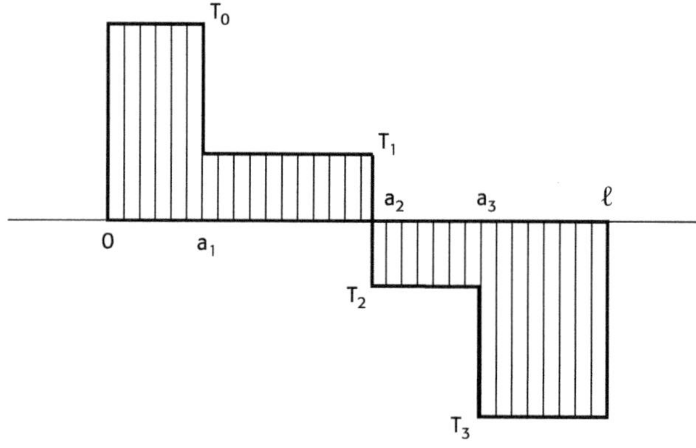

Figure 8.11. Ligne représentative de l'effort tranchant.

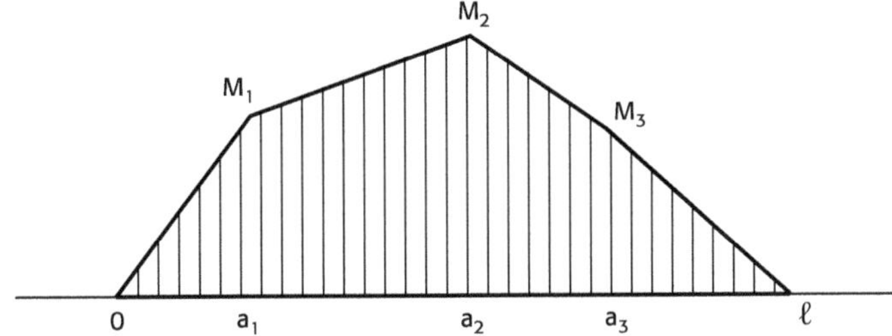

Figure 8.12. Ligne représentative du moment fléchissant.

8.1.3.2 Effet d'un convoi – Théorème de Barré

Un convoi est un système de charges concentrées pouvant se déplacer dans leur ensemble, les distances entre les lignes d'action des différentes charges restant invariables au cours du déplacement. C'est le cas des essieux d'un camion ou d'un train.

Pour déterminer l'effort tranchant T ou le moment fléchissant M, maximaux dans une section de poutre, sous l'action du convoi, on utilise les lignes d'influence correspondantes dans cette section et on déplace le convoi (dessiné sur papier transparent) le long de la ligne d'influence, jusqu'à l'obtention du maximum de l'effet considéré. Dans une position donnée du convoi, T et M s'obtiennent en faisant la somme des produits des charges[15]. Il faut avoir soin, lorsque le convoi n'est pas symétrique, de le retourner bout pour bout, c'est-à-dire symétriquement par rapport à un axe vertical et de recommencer les calculs.

Un essieu doit toujours se trouver dans la section considérée pour obtenir le maximum recherché.

On peut se contenter de déterminer les valeurs maximales de T et M dans un certain nombre de sections de la poutre, et de tracer les lignes enveloppes (voir paragraphe 8.1.5 ci-après), mais il est également intéressant de déterminer les maxima absolus de l'effort tranchant et du moment fléchissant dans l'ensemble de la poutre.

Aucune difficulté pour l'effort tranchant puisque le maximum absolu se situe dans les sections extrêmes de la poutre.

La méthode pour déterminer le moment fléchissant est donnée par le *théorème de Barré,* ci-après : **le moment fléchissant est maximum au droit d'un essieu lorsque cet essieu et la résultante générale du convoi se trouvent dans des sections symétriques par rapport au milieu de la poutre.**

Il ne faut évidemment considérer que la résultante des essieux du convoi qui se trouvent *effectivement* sur la poutre. C'est le cas d'un convoi plus long que la poutre considérée.

15. Voir le calcul fait à la fin du paragraphe précédent.

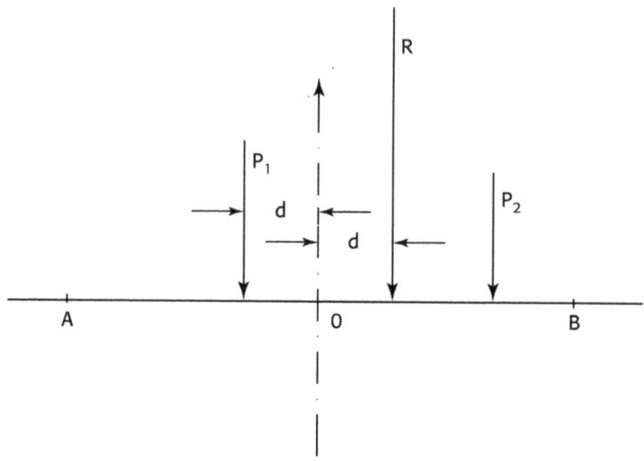

Figure 8.13. Position des charges pour obtenir le moment fléchissant maximum.

Généralement, le maximum absolu se situe au droit de l'un des essieux les plus voisins de la résultante générale $\overrightarrow{R}$ (fig. 8.13), mais ce n'est pas toujours vrai ; il est préférable de le vérifier.

8.1.4 Cas de charges réparties

De telles charges peuvent être :

- soit réparties uniformément ;
- soit réparties d'une façon quelconque (fig. 8.14).

Figure 8.14. Charges réparties uniformément d'une façon quelconque.

Par la suite ne sont considérées que des charges uniformément réparties, de densité p, p étant exprimé généralement en newtons par mètre (N/m).

Il est toujours possible de décomposer une charge quelconque en somme de charges uniformément réparties en considérant des distances d'application infiniment petites.

La charge totale uniformément répartie sur une poutre de longueur ℓ est $p \cdot \ell$. Les deux réactions R_A et R_B valent $\frac{p\ell}{2}$ (fig. 8.15).

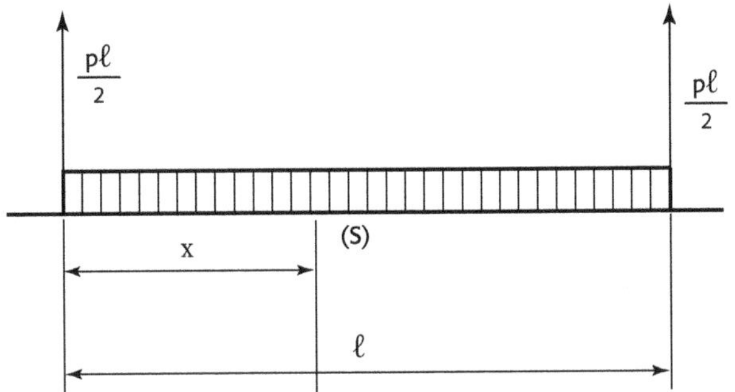

Figure 8.15. Poutre sur appuis simples supportant une charge uniformément répartie.

L'effort tranchant vaut : $T = \frac{p\ell}{2} - px = p\left(\frac{\ell}{2} - x\right)$, quel que soit *x*.

Le moment fléchissant est égal au moment de la réaction $\overrightarrow{R_A}$ par rapport à la section (S) considérée, diminué du moment de la charge répartie comprise entre A et S. Pour calculer ce dernier moment, on considère que la charge répartie est représentée par sa résultante px placée au centre de gravité, c'est-à-dire à la distance $\frac{x}{2}$.

On a donc $M = \frac{p\ell}{2}x - px\frac{x}{2} = \frac{px}{2}(\ell - x)$.

On peut vérifier que l'effort tranchant est bien la dérivée du moment fléchissant par rapport à la variable *x*. Les lignes représentatives de l'effort tranchant et du moment fléchissant sont données sur la figure 8.16. La ligne du moment fléchissant est un arc de parabole. La valeur maximale est obtenue au milieu de la poutre ; elle est égale à :

$$\frac{p\ell^2}{8}$$ [16].

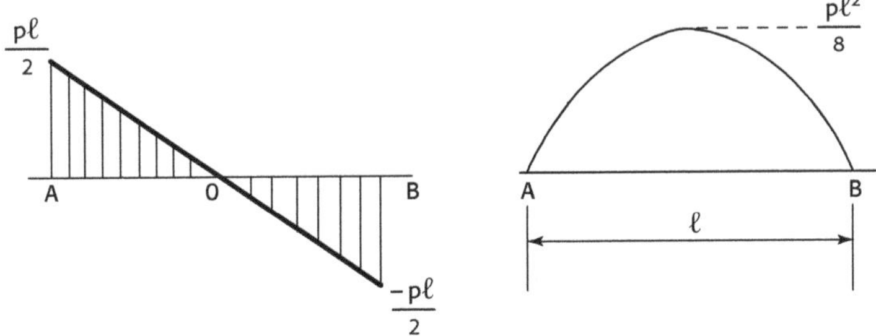

Figure 8.16. Lignes représentatives de l'effort tranchant et du moment fléchissant.

16. Valeur à retenir absolument.

Remarque

On pouvait trouver les valeurs de T et M à partir des lignes d'influence (fig. 8.17).

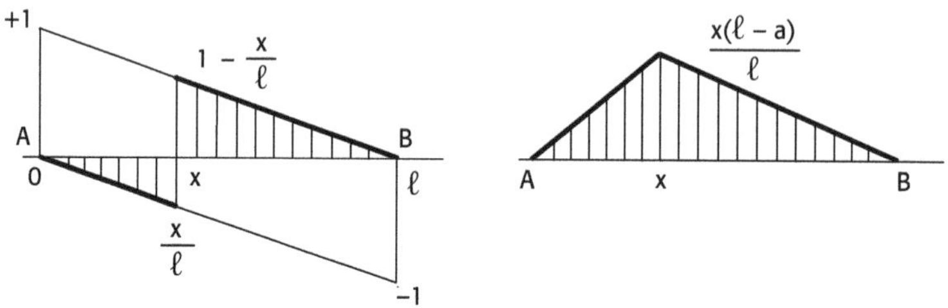

Figure 8.17. Lignes d'influence de l'effort tranchant du moment fléchissant.

Pour l'effort tranchant, T est égal à la surface hachurée multipliée par la densité p.

$$T = px \frac{-x}{\ell} \frac{1}{2} + p \frac{1}{2} (\ell - x)\left(1 - \frac{x}{\ell}\right) = p\left(\frac{\ell}{2} - x\right)$$

Il en est de même pour le moment fléchissant :

$$M = \frac{1}{2}\, p\ell\, \frac{x(\ell - x)}{\ell} = \frac{px}{2} (\ell - x)$$

8.1.5 Lignes enveloppes

Sur une poutre, considérons un cas de charges quelconque (par exemple une charge uniformément répartie) ; si les contraintes, telles qu'elles résultent de l'effort tranchant, du moment fléchissant ou du moment de torsion, ne dépassent les contraintes admissibles, un *état d'équilibre* est atteint.

Tant que les contraintes restent acceptables, plusieurs cas de charges, correspondant à une superposition des différents états d'équilibre peuvent être superposés : le calcul des effets résultants se réduit alors à faire la somme algébrique des effets élémentaires.

Par exemple, le moment fléchissant au centre d'une poutre sur appuis simples supportant une charge concentrée $\overrightarrow{P}$ en son milieu et une charge uniformément répartie de densité *p,* est égal au moment de la charge concentrée $\frac{P\ell}{4}$ augmenté du moment de la charge répartie $\frac{p\ell^2}{8}$, soit :

$$M = \frac{P\ell}{8} + \frac{p\ell^2}{8}$$

Il faut également considérer le cas de charges pouvant se déplacer le long de la poutre (cas d'un convoi, par exemple). À chaque position possible des charges correspond, dans chaque section, un certain effet, et, pour l'ensemble de la poutre, une ligne représentative de cet effet.

On appelle *ligne enveloppe* de l'effet considéré, la ligne à l'intérieur de laquelle peuvent s'inscrire les lignes représentatives correspondant à **tous les cas** de charges possibles.

Prenons, par exemple, le cas d'une charge *concentrée* $\overrightarrow{P}$ pouvant se déplacer sur la poutre (fig. 8.18).

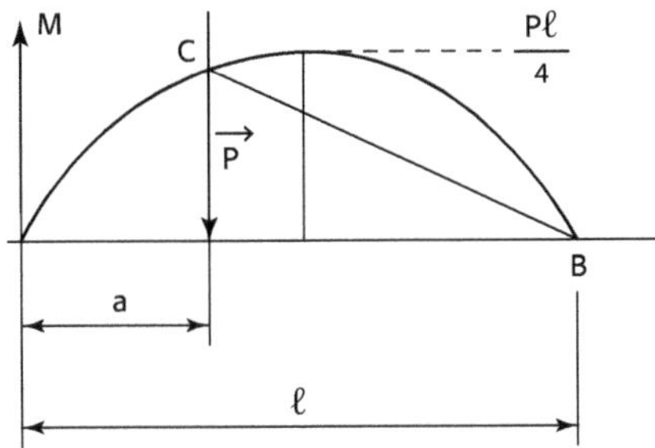

Figure 8.18. Ligne enveloppe du moment fléchissant dû à une charge concentrée.

À une position de la charge $\overrightarrow{P}$ (abscisse *a*), correspond (voir paragraphe 8.1.2.1) une ligne représentative du moment : ACB, les coordonnées du point C étant :

$$\begin{cases} a \\ \dfrac{Pa(\ell - a)}{\ell} \end{cases}$$

La ligne enveloppe est le lieu géométrique du maximum C, c'est-à-dire, en faisant varier a le long de AB, la parabole ayant pour équation :

$$M(a) = \frac{Pa(\ell - a)}{\ell} \qquad \text{a variant de 0 à } \ell$$

Le maximum du moment se situe au sommet de la parabole, pour une position de la charge au milieu de la poutre ; sa valeur est $\frac{P\ell}{4}$.

8.1.6 Calcul des flèches

Sous l'effet des sollicitations auxquelles elle est soumise, une poutre se déforme. Par exemple, une poutre initialement droite prend la forme donnée par la figure 8.19.

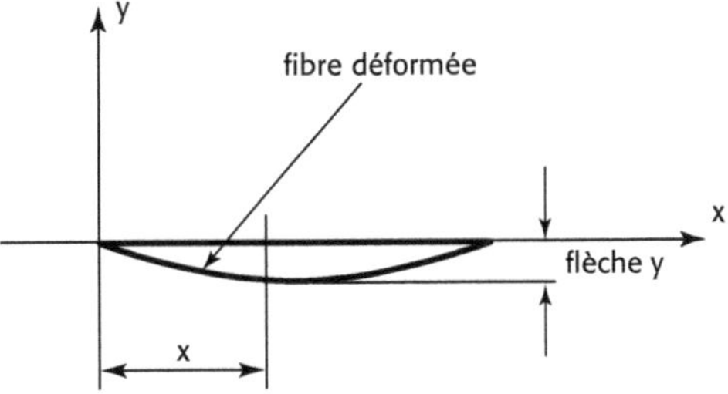

Figure 8.19. Fibre déformée.

On appelle **flèche** à l'abscisse x le déplacement vertical du centre de gravité de la section relative à cette abscisse. Les flèches sont comptées positivement si le déplacement s'effectue vers le haut (sens des forces positives).

Le nouveau lieu des centres de gravité des sections prend le nom de *fibre moyenne déformée* (ou, plus simplement, de *déformée*).

Dans cet ouvrage, nous nous contenterons d'indiquer l'équation de la déformée de la forme y = f(x), y représentant la valeur algébrique de la flèche à l'abscisse x. La valeur y se calcule à partir de l'équation différentielle[17] :

$$y'' = \frac{M(x)}{EI} \tag{8.1}$$

Avec :

- y" est la dérivée seconde de y ;
- M(x) est le moment fléchissant exprimé en fonction de l'abscisse x ;
- E est le module d'élasticité du matériau constitutif ;
- I est le moment d'inertie de la section considérée par rapport à l'axe passant par le centre de gravité, et normal au plan moyen de la poutre[18].

Pour une charge concentrée $\overrightarrow{P}$ située au milieu de la portée, et en supposant que le moment d'inertie soit constant, la flèche est maximale dans la section médiane et a pour valeur :

$$y = \frac{-P\ell^3}{48\,EI}$$

En effet, le moment fléchissant M est égal à $\frac{Px}{2}$ entre A et C et à $P\,\frac{(\ell - x)}{2}$ entre C et B (fig. 8.20).

Entre A et C, $y'' = \frac{Px}{2\,EI}$ d'où

$$y' = y'_0 + \frac{P}{2\,EI}\,\frac{x^2}{2} \qquad \text{et} \qquad y = y_0 + y'_0 x + \frac{P}{2\,EI}\,\frac{x^3}{6}$$

(expression dans laquelle y_0 et y'_0 sont les constantes d'intégration).

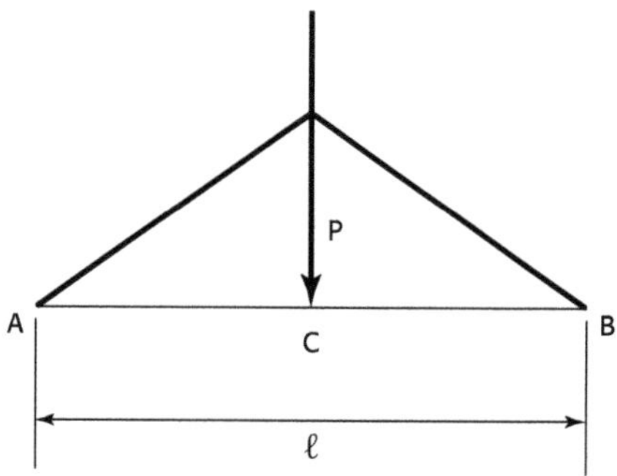

Figure 8.20. Ligne représentative du moment fléchissant au milieu C de la poutre.

17. Du moins en première approximation, suffisante toutefois pour la plupart des cas en pratique.
18. I est le même que celui considéré dans le calcul des contraintes, au paragraphe 5.2 ; il peut être constant ou variable le long de la poutre.

La flèche étant nulle en A, cela entraîne $y_0 = 0$. D'autre part, la déformée est symétrique par rapport à l'axe vertical passant par le point C. Sa tangente est donc horizontale pour une abscisse $x = \frac{\ell}{2}$, d'où $y'\left(\frac{\ell}{2}\right) = 0$ ce qui entraîne $y'_0 = \frac{P\ell^2}{16\,EI}$.

On trouve ainsi

$$y = \frac{P}{EI}\left(\frac{x^3}{12} - \frac{\ell^2 x}{16}\right) \quad \text{soit pour} \quad y = \frac{\ell}{2} \Rightarrow \left(\frac{\ell}{2}\right) = -\frac{P\ell^3}{48\,EI}$$

Pour une charge uniformément répartie de densité p, la flèche est maximale dans la section médiane et a pour valeur :

$$y = -\frac{5}{384}\frac{p\ell^4}{EI}$$

Remarque

Le rayon de courbure d'une poutre (voir paragraphe 5.2.1), après déformation par flexion, est tel que $\frac{1}{R} = \frac{M}{EI}$, ce qui équivaut à $y'' = \frac{1}{R}$.

Ainsi, on considère y' comme infiniment petit, et, d'autre part, la flèche due à l'effort tranchant est négligée. Cette hypothèse simplificatrice est valable dans la plupart des cas courants.

8.2 Consoles

8.2.1 Définition

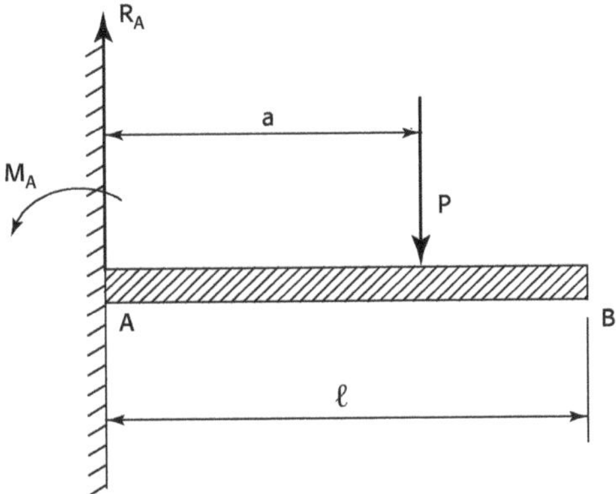

Figure 8.21. Charge concentrée sur une console.

Une console est une poutre droite encastrée à son extrémité A et libre à l'autre extrémité (fig. 8.21). La longueur de la console est désignée par ℓ et les sections sont définies par les abscisses comptées à partir de l'extrémité encastrée A.

Il n'y a de réactions d'appui qu'à l'extrémité A. Elles comprennent une réaction verticale R_A et un moment d'encastrement M_A.

R_A et M_A peuvent être déterminés à l'aide de la statique élémentaire : la console est donc une poutre isostatique.

8.2.2 Détermination de l'effort tranchant et du moment fléchissant sous une charge concentrée – Ligne d'influence

Considérons une console supportant une charge concentrée $\vec{P}$ située à l'abscisse a (fig. 8.22). Calculons d'abord les réactions d'appui à l'origine 0. La somme des forces est nulle, donc : $R_0 - P = 0$, d'où : $\mathbf{R_0 = P}$. La résultante des moments à l'origine est nulle, donc : $M_0 + a \cdot P = 0$ d'où : $\mathbf{M_0 = - a \cdot P}$.

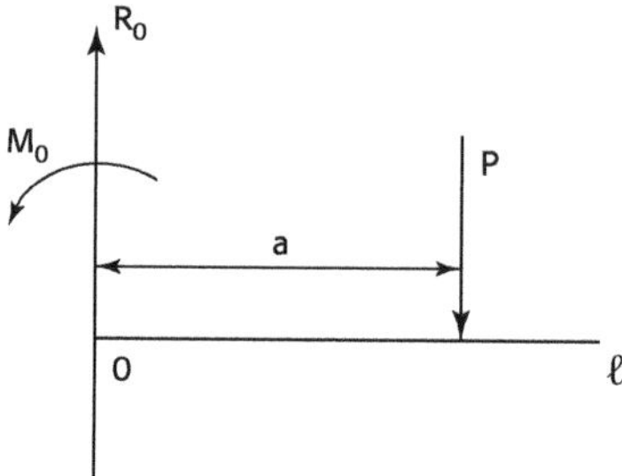

Figure 8.22. Console supportant une charge concentrée.

Il en résulte que, dans la section d'abscisse x, l'effort tranchant et le moment fléchissant sont donnés par les expressions :

$x < a$	$x \geq a$
$T = P$	$T = 0$
$M = P\ (x - a)$	$M = 0$

Tableau 8.2. Effort tranchant et moment fléchissant d'une console.

Considérées comme fonction de x, les expressions ci-dessus permettent d'aboutir aux lignes représentatives données sur la figure 8.23.

Considérées comme fonctions de a, elles aboutissent aux lignes d'influence (fig. 8.24).

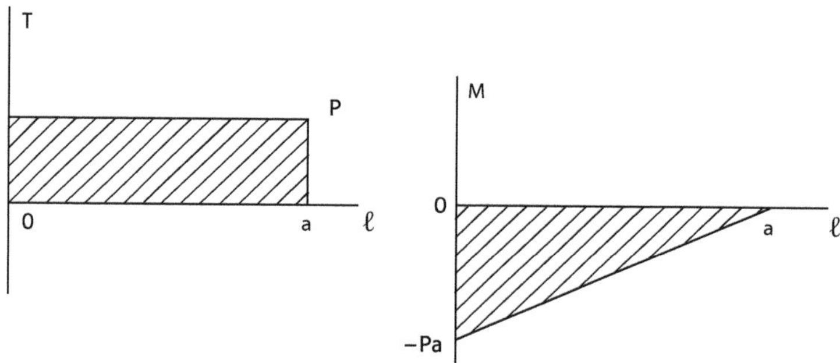

Figure 8.23. Lignes représentatives de l'effort tranchant et du moment fléchissant.

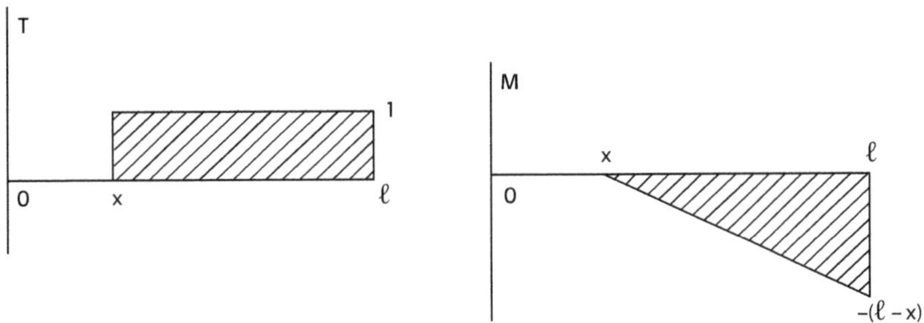

Figure 8.24. Lignes d'influence de l'effort tranchant et du moment fléchissant.

8.2.3 Cas d'une charge uniformément répartie

Nous calculerons l'effort tranchant et le moment fléchissant, à l'abscisse x, à partir des lignes d'influence. La valeur des efforts est égale à la surface hachurée multipliée par la densité p de charge uniformément répartie (voir paragraphe 8.1.4). On a donc :

$$T(x) = p \times 1 \times (\ell - x) = (\ell - x)$$
$$M(x) = p \times \frac{-1}{2}(\ell - x)(\ell - x) = -\frac{p(\ell - x)^2}{2}$$

La valeur maximum du moment fléchissant M et de l'effort tranchant T (en valeur absolue) se situe dans la section d'encastrement, c'est-à-dire pour $x = 0$. Soit :

$$T_0 = p\ell \qquad M_0 = -\frac{p\ell^2}{2}$$

8.2.4 Calcul des flèches

La déformée est calculée à partir de l'équation différentielle :

$$y" = \frac{M(x)}{EI}$$

Rappelons qu'il s'agit d'une formule simplifiée négligeant, en particulier, la flèche due à l'effort tranchant, ce qui, dans le cas des consoles, peut induire des erreurs supérieures à 12 %.

Les flèches maximales dues au seul moment fléchissant sont obtenues à l'extrémité libre de la console. Elles ont pour valeur :

- dans le cas d'une charge concentrée P située à l'extrémité libre : $y = -\frac{P\ell^3}{3\,EI}$;
- dans le cas d'une charge uniformément répartie de densité p : $y = -\frac{p\ell^4}{8\,EI}$.

8.3 Étude des poutres consoles

Une poutre console est une poutre sur appuis simples AB prolongée par deux consoles AC et BD (fig. 8.25).

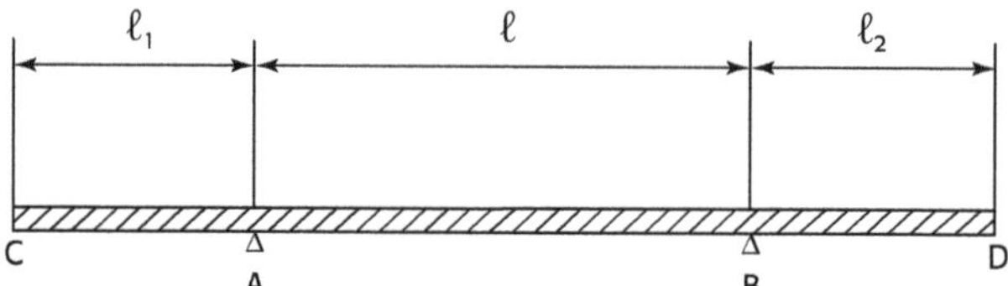

Figure 8.25. Poutre console.

La ligne d'influence du moment fléchissant ou de l'effort tranchant pour une section d'une console AC ou BD est identique à celle d'une console isolée, puisqu'une charge sur la travée intermédiaire ou sur l'autre console n'a aucun effet sur la console considérée. En revanche, une charge disposée sur une console provoque des effets sur la partie centrale.

Dans cet ouvrage, seules les lignes représentatives de l'effort tranchant (fig. 8.26) et du moment fléchissant (fig. 8.27) sont données dans le cas où la charge est uniformément répartie de densité p.

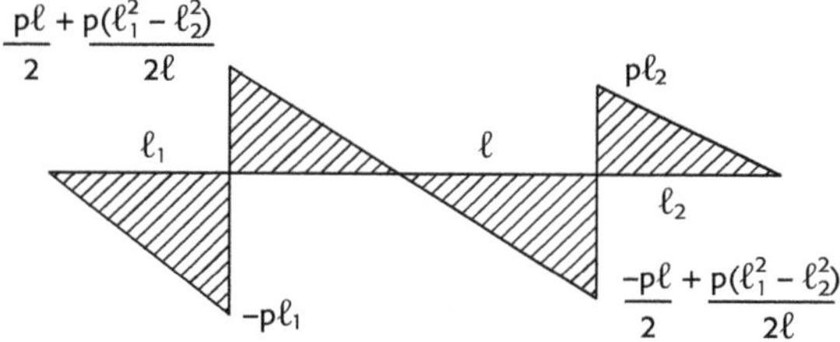

Figure 8.26. Ligne représentative de l'effort tranchant.

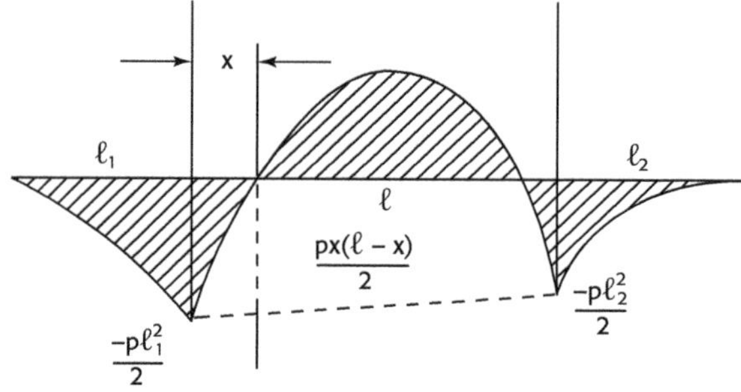

Figure 8.27. Ligne représentative du moment fléchissant.

Le lecteur est invité à effectuer les calculs lui permettant de retrouver les diverses valeurs de l'effort tranchant et du moment fléchissant données ci-dessus.

Exercice

Poutre sur appuis simples

Énoncé

Considérons une poutre sur deux appuis simples, de longueur AB = 10 m.

Nous supposerons qu'il s'agit d'une poutre en béton armé, de section rectangulaire : 1,00 m de hauteur et 0,60 m de largeur ; la masse volumique du béton armé sera prise égale à 2,5 t/m^3.

Outre son poids propre cette poutre supporte un convoi composé de trois charges de 50 kN, 30 kN et 30 kN disposées ainsi que l'indique la figure 8.28. Ce convoi ne circule que dans un seul sens.

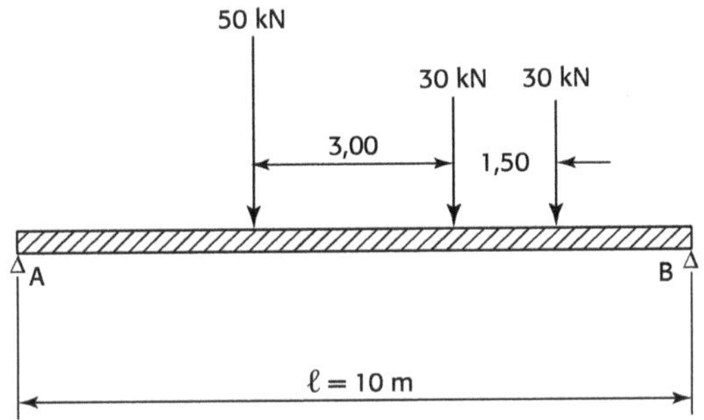

Figure 8.28. Poutre sur deux appuis simples supportant une charge uniformément répartie et un convoi.

1. Tracez les lignes d'influence de l'effort tranchant et du moment fléchissant dans une section d'abscisse x.
2. En déduire les lignes représentatives de l'effort tranchant et du moment fléchissant dus à la charge permanente (poids propre).
3. Calculer l'effort tranchant et le moment fléchissant maximaux dus au convoi en appliquant le théorème de Barré.

Solution

1. Les lignes d'influence sont données ci-après (fig. 8.29).

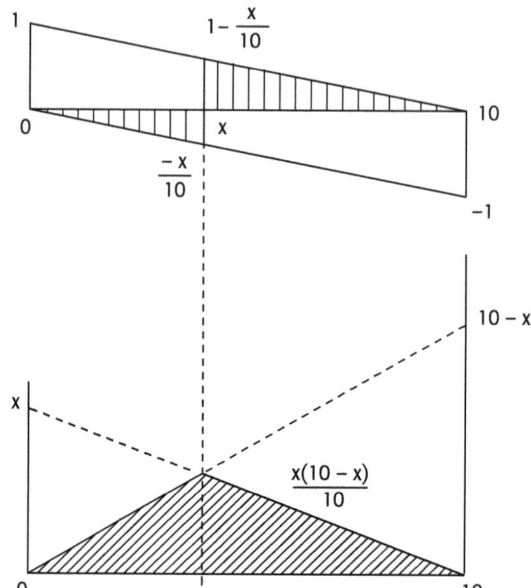

Figure 8.29. Lignes d'influence de l'effort tranchant (en haut) et du moment fléchissant (en bas).

2. Le poids propre correspond à une charge uniformément répartie de densité :

$$p = 2{,}5 \times 1{,}00 \times 1{,}00 \times 0{,}60 \times 1{,}5 \text{ t/m.}$$

Or, les valeurs de T et M s'obtiennent en multipliant par p les surfaces hachurées, soit :

$$T = p \times \frac{1}{2} x \times \frac{-x}{2} + \frac{p}{2}(10 - x)\left(1 - \frac{x}{10}\right) = p(5 - x) = 7{,}5 - 1{,}5\ x$$

et

$$M = p \times \frac{p}{2} \times 10 \frac{x(10 - x)}{2} = 7{,}5\ x\ (10 - x)$$

Les lignes représentatives obtenues sont alors :

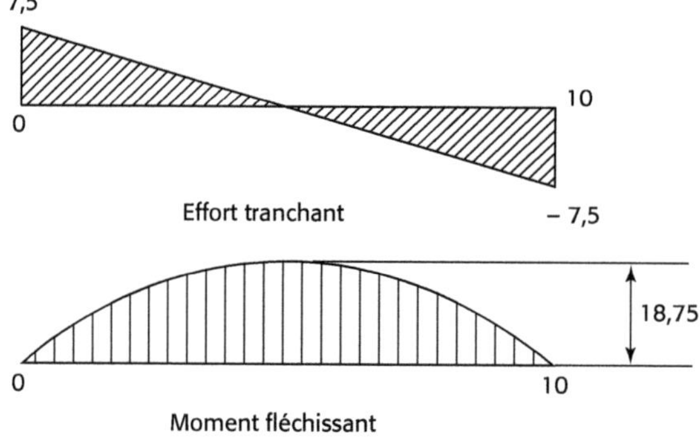

Figure 8.30. Lignes représentatives de l'effort tranchant et du moment fléchissant.

3. En ce qui concerne l'effort tranchant, l'effort maximal du convoi est obtenu lorsque la charge de 50 kN se situe à l'origine A. La ligne d'influence est alors située en entier au-dessus de AB. On obtient :

$$T_{max} = 50 + 30\frac{7}{10} + 30\frac{5,5}{10} = 87,5 \text{ kN}$$

Pour déterminer le moment fléchissant maximum, nous utiliserons le théorème de Baré. Il faut donc déterminer dans un premier temps la position de la résultante du convoi (fig. 8.31).

Cette résultante $\overrightarrow{R}$ a pour valeur : $R = 50 + 30 + 30 = 110 \text{ kN}$.

Sa distance à la ligne d'action de la force de 50 kN est d, telle que :

$$d \times R = 30 \times 3 + 30 \times 4,5 = 225, \text{ d'où } d = 2,05 \text{ m.}$$

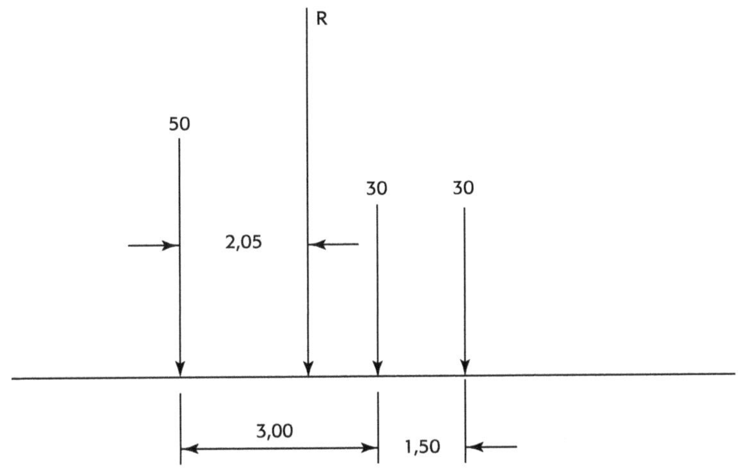

Figure 8.31. Position de la résultante du convoi.

Considérons le cas suivant : la résultante $\overrightarrow{R}$ et la charge de 50 kN sont symétriques par rapport au milieu I de la portée (fig. 8.32).

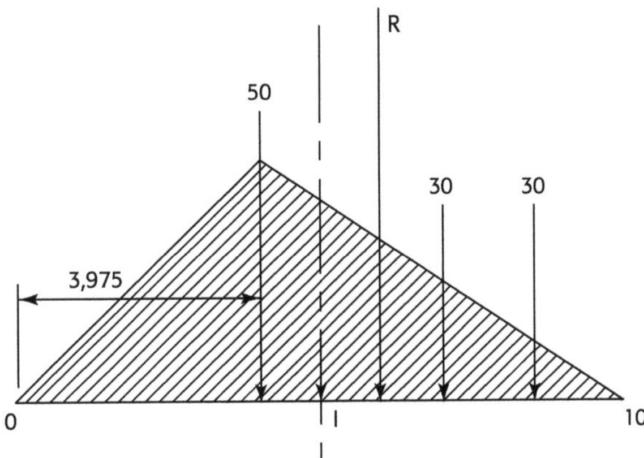

Figure 8.32. La résultant et la charge de 50 kN sont symétriques par rapport à I.

On a :

$$M = \frac{3{,}975 \times 6{,}025}{10}\left[50 + 30\,\frac{3{,}025}{6{,}025} + 30\,\frac{1{,}525}{6{,}025}\right] = 174 \text{ m.kN}$$

Considérons le cas où la résultante $\overrightarrow{R}$ et la première charge de 30 kN sont symétriques par rapport à I (fig. 8.33).

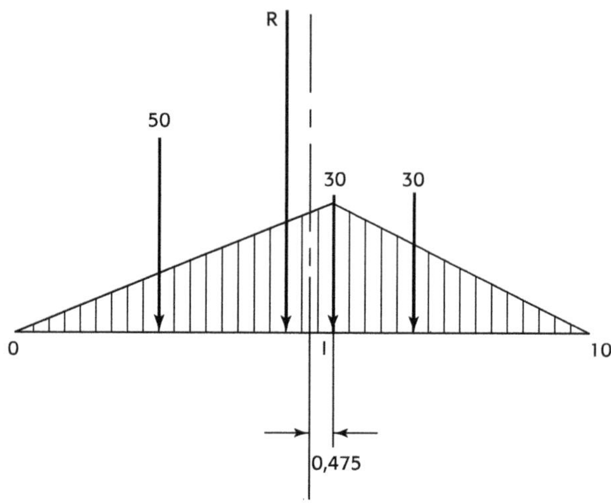

Figure 8.33. La résultante et la première charge de 30 kN sont symétriques par rapport à I.

Le moment fléchissant a pour valeur :

$$M = \frac{5{,}475 \times 4{,}525}{10}\left[30 + 50\,\frac{2{,}475}{5{,}475} + 30\,\frac{3{,}025}{4{,}525}\right] = 180 \text{ m.kN}$$

Le deuxième cas donne donc le moment le plus grand.

Exercice

Calcul de la flèche à l'extrémité d'une console

Énoncé

Calculez la flèche à l'extrémité d'une console en bois de 2 m de portée, sachant qu'elle supporte une charge de 10 kN à son extrémité libre (fig. 8.34).

La console a une section rectangulaire de 20 × 10 cm. La masse volumique du bois est de 0,8 t/m^3. Le module de Young est de 10 000 MPa.

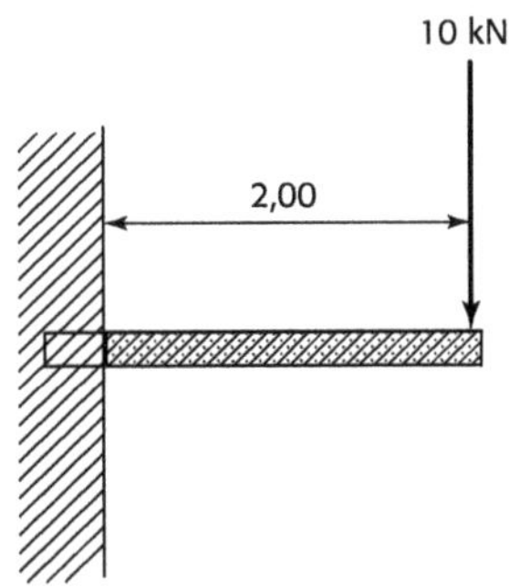

Figure 8.34. Console chargée à son extrémité libre.

Solution

La flèche totale est la résultante de :

- la flèche due au poids propre $f_1 = -\frac{p\ell^4}{8\,EI}$;
- la flèche due à la charge concentrée $f_2 = \frac{-P\ell^3}{3\,EI}$.

La section de la poutre a une surface de 0,02 m^2. La densité de masse est donc de 0,016 t/m^2, correspondant à une charge p = 0,16 kN/m.

Les différentes flèches ont pour valeur :

$$f_1 = -\frac{1}{EI} \times 320 = -\frac{320}{EI}\ \text{m}$$

$$f_2 = -\frac{1}{EI}\,\frac{10\,000 \times 8}{3} = -\frac{26\,667}{EI}\ \text{m}$$

Les deux flèches sont très différentes, celle due à la charge concentrée étant la plus considérable.

Avec $E = 10^4$ MPa $= 10^{10}$ Pa et $I = \frac{0{,}10 \times 0{,}2^3}{12} = 6{,}67\ 10^{-5}\ \text{m}^4$, on obtient f = 40,5 mm.

Exercice

Étude d'une poutre console

Énoncé

Considérons la poutre console du paragraphe 8.3.

1. Tracez la ligne d'influence du moment fléchissant dans une section (S) située dans la partie centrale AB, à la distance x de A.

2. Calculez le moment fléchissant en fonction de x dans cette section et tracez la ligne représentative (cas d'une charge répartie p/m).

Solution

La figure 8.35 précise les positions respectives de la charge unité et de la section (S) considérée.

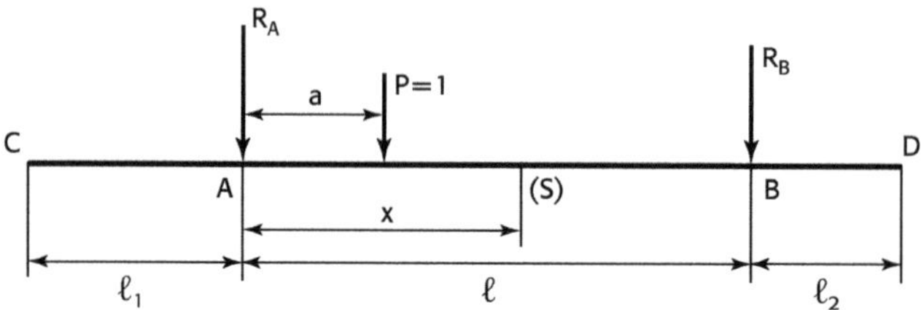

Figure 8.35. Disposition des forces et réactions pour le calcul des lignes d'influence.

1. De même que pour l'abscisse x, choisissons A comme origine pour la distance a de la charge unité.

Calculons la réaction en A en écrivant que le moment résultant des forces est nul en B :

$$R_A = \frac{\ell - a}{\ell}.$$

Ce résultat est valable quel que soit le signe de a.

- 1er cas : a < x implique :

$$M = \frac{\ell - a}{\ell} x - \ell(x - a) = a \frac{\ell - x}{\ell}$$

– Si $a = -\ell_1$(point C), $M = \frac{-\ell_1(\ell - x)}{\ell}$

– Si a = 0, M = 0

– Si a = x, $M = x \frac{(\ell - x)}{\ell}$

- 2e cas : a ≥ x implique :

$$M = \frac{\ell - a}{\ell} x$$

– Si $a = \ell$ alors M = 0

– Si $a = \ell + \ell_2$, alors $M = -\ell_2 \frac{x}{\ell}$

Ces résultats permettent de tracer la ligne d'influence (fig 8.36) :

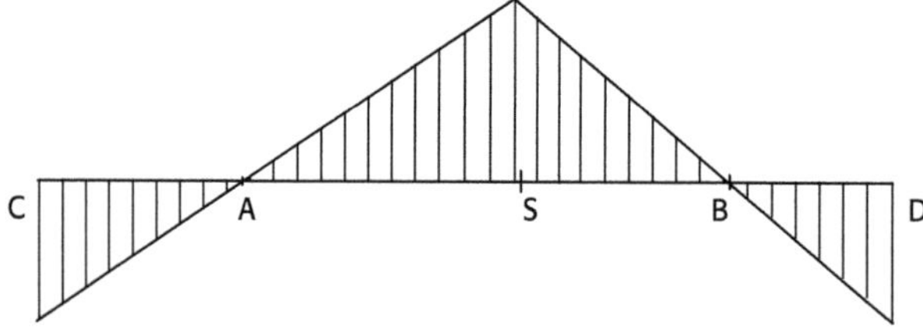

Figure 8.36. Ligne d'influence du moment fléchissant dans la section (S).

Pour obtenir le moment fléchissant, il suffit de calculer les surfaces hachurées, soit :

$$M(x) = \frac{p}{2\ell}\left[-\ell_1^2(\ell - x) + x\ell(\ell - x) - \ell_2^2 x\right]$$

Pour $x = 0$, $M = \frac{-p\ell_1^2}{2}$; pour $x = \ell$, $M = \frac{-p\ell_2^2}{2}$.

Les valeurs données précédemment sont ainsi confirmées.

La courbe représentative ci-après donnée est alors obtenue :

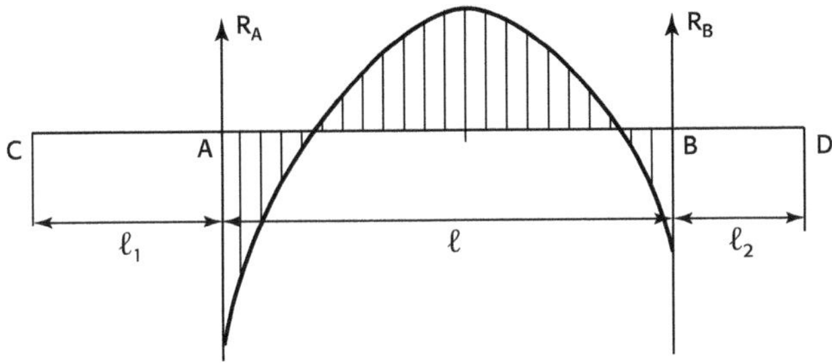

Figure 8.37. Ligne représentative du moment fléchissant dans la travée centrale.

CHAPITRE 9

Poutres droites hyperstatiques

9.1 Généralités

Les poutres droites hyperstatiques sont des poutres dont les liaisons aux extrémités sont telles qu'il n'est pas possible de calculer les réactions d'appui à l'aide des seules équations de la statique.

Lorsque l'on utilise ces équations, il reste une, ou plusieurs, réactions inconnues dont peuvent se déduire les autres. Ces réactions inconnues prennent le nom de réactions *hyperstatiques.* Leur nombre définit le degré *d'hyperstaticité* du système.

Considérons, par exemple, une poutre encastrée à ses extrémités A et B et soumise à des forces verticales (fig. 9.1).

Figure 9.1. Poutre encastrée à ses deux extrémités.

En A et B, sont présents une réaction d'appui et un moment d'encastrement, soit quatre réactions inconnues. Or la statique ne peut donner que deux équations :

- la somme des forces et réactions verticales est nulle (il n'y a aucune force horizontale) ;
- le moment résultant par rapport à un point est nul.

Il reste donc deux réactions hyperstatiques : la poutre est dite hyperstatique de degré 2. Il existe une grande variété de poutres hyperstatiques. Dans cet ouvrage, les trois cas suivants sont étudiés :

- les poutres encastrées à leurs deux extrémités ;
- les poutres encastrées à une extrémité, sur appui simple à l'autre ;
- les poutres continues.

Ce dernier cas correspond aux ossatures des bâtiments courants ainsi qu'à la plupart des ponts autoroutiers.

9.2 Formules valables pour toutes les poutres hyperstatiques

Considérons une poutre de longueur ℓ, et désignons par M_0 et M_1, les moments fléchissants aux extrémités 0 et 1.

Supposons, dans un premier temps, que la poutre ne soit soumise à aucune force, mais seulement aux moments de réaction aux extrémités. Une telle configuration est possible dans le cas d'une poutre continue à trois travées dont seules les travées extrêmes reçoivent des charges (fig. 9.2).

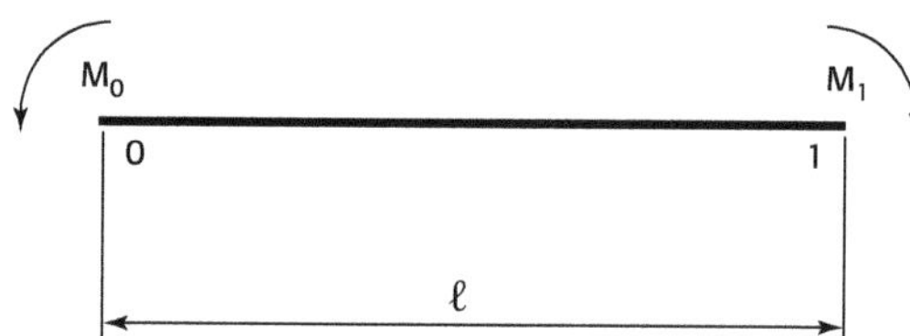

Figure 9.2. Poutre soumise à des moments à ses deux extrémités.

Le moment fléchissant est le moment des forces à gauche de la section considérée, ou bien le moment des forces à droite, changé de signe (voir paragraphe 4.3).

Il en résulte que les moments de réaction aux appuis correspondent à : $+M_0$ et $-M_1$ (fig. 9.3).

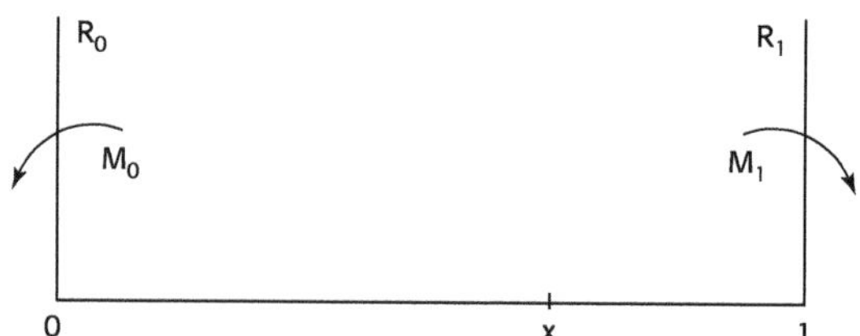

Figure 9.3. Poutre soumise seulement à des réactions d'appui et à des moments aux appuis.

D'autre part, puisque M_0 n'est en général pas égal à M_1, il existe nécessairement des réactions d'appui R_0 et R_1, pour que le système soit en équilibre.

Les équations de la statique permettent d'écrire que la résultante des forces est nulle :

$$R_0 + R_1 = 0 \tag{9.1}$$

Le moment résultant à l'extrémité 1 (par exemple) est nul, soit :

$$M_0 + R_0\ell - M_1 = 0 \tag{9.2}$$

D'où l'on tire :

$$R_0 = \frac{M_1 - M_0}{2}$$

Le moment fléchissant à l'abscisse *x* est alors[19] :

$$M(x) = M_0 + R_0 x = M_0 + x\,\frac{M_1 - M_0}{\ell} = M_0\left(1 - \frac{x}{\ell}\right) + M_1\,\frac{x}{\ell}$$

On trouve bien $M = M_0$ pour $x = 0$ et $M = M_1$ pour $x = \ell$.

Supposons maintenant que la poutre reçoive un système de charges quelconque. Nous raisonnerons par superposition :

- la poutre recevant le système de charges est alors considérée comme étant sur *appuis simples* ; m(x) et t(x) sont respectivement les moments fléchissants et efforts tranchants correspondants ;
- nous considérerons ensuite la poutre ne supportant aucune charge, mais soumise à ses extrémités à des moments de réaction $+M_0$ et $-M_1$.

Le moment fléchissant à l'abscisse x est alors :

$$M(x) = m(x) + M_0\left(1 - \frac{x}{\ell}\right) + M_1\,\frac{x}{\ell}$$

De même l'effort tranchant est donné par :

$$T(x) = t(x) + \frac{M_1 - M_0}{\ell}$$

Comme m(x) est nul aux extrémités, on retrouve $M(0) = M_0$ et $M(\ell) = M_1$.

Les formules précédentes sont fondamentales pour l'étude des poutres hyperstatiques.

9.3 Poutre encastrée à ses deux extrémités

Le moment fléchissant et l'effort tranchant dépendent des deux inconnues hyperstatiques M_0 et M_1 (voir paragraphe 9.1). Pour déterminer ces inconnues, il faut faire appel aux notions de déformation de la poutre.

L'ordonnée y de la fibre moyenne est, en première approximation, la solution de l'équation différentielle (selon la formule 8.1) :

$$y'' = \frac{M(x)}{EI}$$

19. Formule fondamentale à connaître.

En intégrant cette équation, on obtient successivement y', dérivée première de y, qui correspond à la pente de la déformée, puis y, c'est-à-dire la flèche, l'ensemble étant considéré à l'abscisse x.

Dans le cas de la poutre encastrée à ses extrémités, M_0 et M_1 sont obtenus en supposant que l'encastrement est parfait, c'est-à-dire en supposant que la poutre reste horizontale à ses extrémités.

Cette condition nécessite que $y'_0 = 0$ et $y'_1 = 0$. Ces deux équations permettront ainsi de déterminer M_0 et M_1.

Par exemple, dans le cas d'une charge uniformément répartie de densité p, nous obtenons :

$$m(x) = p\,\frac{x(\ell - x)}{2}$$

Par ailleurs, par symétrie, $M_0 = M_1$, d'où :

$$M(x) = M_0 + p\,\frac{x(\ell - x)}{2} \qquad \text{et} \qquad y'' = \frac{1}{EI}\left[M_0 + p\,\frac{x(\ell - x)}{2}\right]$$

Ce qui donne, en intégrant (avec la variable d'intégration) :

$$y' = y'_0 + \frac{1}{EI}\left[M_0 x + \frac{p}{2}\left(\frac{\ell x^2}{2} - \frac{x^3}{3}\right)\right]$$

D'autre part, du fait de l'encastrement, la tangente à la déformée reste horizontale au voisinage des deux encastrements.

En écrivant que $y'_0 = 0 = y'_1$, on obtient :

$$y'_1 = 0 = \frac{1}{EI}\left[M_0 \ell + \frac{p}{2}\left(\frac{\ell^3}{2} - \frac{\ell^3}{3}\right)\right]$$

soit

$$M_0 = M_1 = \frac{-p\ell^2}{12}$$

L'expression du moment fléchissant est donc :

$$M(x) = p\,\frac{x(\ell - x)}{2} - \frac{p\ell^2}{12}$$

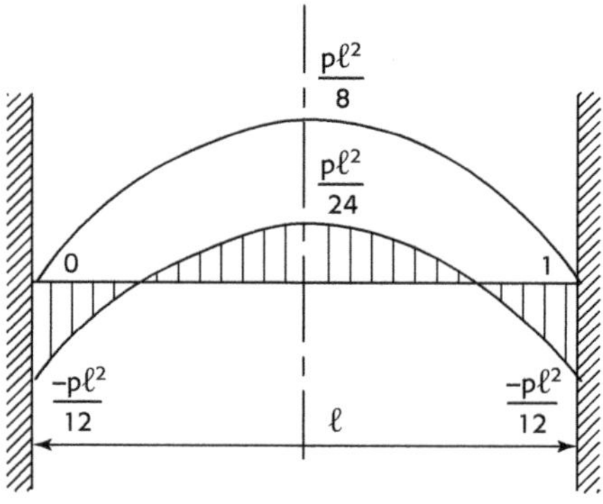

Figure 9.4. Ligne représentative du moment fléchissant dans une poutre encastrée à ses extrémités.

Le diagramme représentatif est celui d'une poutre sur appuis simples, décalé vers le bas, d'une distance égale à $\frac{p\ell^2}{12}$ (fig. 9.4). La valeur du moment au milieu de la poutre est $\frac{p\ell^2}{24}$.
Nous avons traité le cas de l'encastrement parfait. Ce cas divise par trois le moment au milieu de la poutre. Dans la réalité, l'encastrement est souvent imparfait, ce qui diminue la valeur absolue des moments d'encastrement et augmente la valeur du moment en travée. On a une courbe intermédiaire entre les deux courbes extrêmes de la figure 9.4.

C'est pourquoi les différents règlements (voir paragraphe 9.5), demandent de prendre un moment supérieur en ce qui concerne le milieu de poutre (tout en conservant, par précaution, la valeur des moments sur appuis).

9.4 Poutre encastrée à une extrémité, sur appui simple à l'autre

C'est le même cas que précédemment avec $M_1 = 0$. On obtient donc :

$$M(x) = m(x) + M_0 \left(1 - \frac{x}{\ell}\right)$$

Dans le cas d'une charge uniformément répartie de densité p, M(x) devient :

$$M(x) = p\,\frac{x(\ell - x)}{2} + M_0 \left(1 - \frac{x}{\ell}\right)$$

Intégrons l'équation différentielle $y'' = \frac{M(x)}{EI}$. Une première intégration permet d'obtenir :

$$y' = y'_0 + \frac{1}{EI}\left[\frac{p}{2}\left(\frac{\ell x^2}{2} - \frac{x^3}{3}\right) + M_0\left(x - \frac{x^2}{2\ell}\right)\right]$$

En supposant un encastrement parfait à l'origine, la tangente à la déformée est horizontale à cet appui, d'où $y'_0 = 0$. Une deuxième intégration permet d'obtenir la flèche :

$$y = y_0 + \frac{1}{EI}\left[\frac{p}{2}\left(\frac{\ell x^3}{6} - \frac{x^4}{12}\right) + M_0\left(\frac{x^2}{2} - \frac{x^3}{2\ell}\right)\right]$$

Pour déterminer la valeur de M_0, nous écrivons :

- d'une part, $y_0 = 0$, flèche nulle à l'origine,
- d'autre part, $y_1 = 0$, flèche nulle à l'autre extrémité, en supposant les deux appuis sur une même horizontale.[20]

$y_1 = y(\ell) = 0$ permet d'obtenir :

$$\frac{p}{2}\left(\frac{\ell^4}{2} - \frac{\ell^4}{12}\right) + M_0\left(\frac{\ell^2}{2} - \frac{\ell^2}{6}\right)\Bigg] = 0\,, \qquad \text{d'où}\quad M_0 = -\frac{p\ell^2}{8}$$

20. Si ce n'était pas le cas, y(ℓ) aurait une valeur non nulle, mais connue, qui permettrait aussi de calculer M_0, avec une valeur différente.

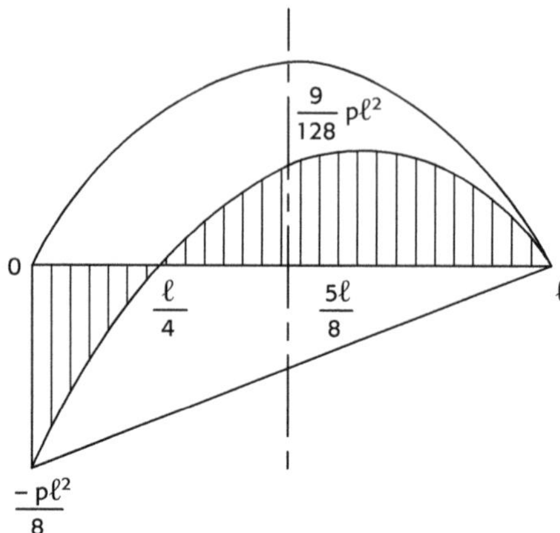

Figure 9.5. Poutre encastrée à une extrémité, sur appui simple à l'autre : ligne représentative du moment fléchissant.

Au final, *M(x)* a pour équation :

$$M(x) = p\,\frac{x(\ell - x)}{2} - \frac{p\ell^2}{8}\left(1 - \frac{x}{\ell}\right)$$

Le moment est donc la somme du moment de la poutre sur appuis simples (représentation parabolique) et du moment de la poutre sans charge (représentation linéaire) (fig. 9.5).

Il est maximum en valeur absolue à l'origine, nul pour $x = \frac{\ell}{4}$ et positif maximum pour $x = \frac{5}{8}\ell$.

Par rapport à la valeur maximale du moment en travée indépendante : $M_{max} = \frac{p\ell^2}{8}$, on a :

$$\frac{M}{M_{max}} = -1 \text{ pour } x = 0\,, \quad \frac{1}{2} \text{ pour } x = \frac{\ell}{2}\,, \quad \frac{9}{16} \text{ pour } x = \frac{5\ell}{8}.$$

9.5 Poutres continues

Dans ce paragraphe, seule la solution relative à une poutre à deux travées égales, supportant une charge uniformément répartie de densité *p,* est donnée. (Mais les poutres à 3 et 4 travées égales sont traitées dans les exercices.)

La poutre considérée est donc une poutre horizontale reposant sur deux appuis incompressibles. Une telle poutre est une fois hyperstatique.

M_1, inconnue hyperstatique, est la valeur du moment fléchissant au droit de l'appui intermédiaire A_1[21] (fig 9.6).

21. S'il y avait n travées, la poutre serait (n – 1) fois hyperstatique ; on choisirait comme inconnues hyperstatiques les moments fléchissants au droit des appuis intermédiaires.

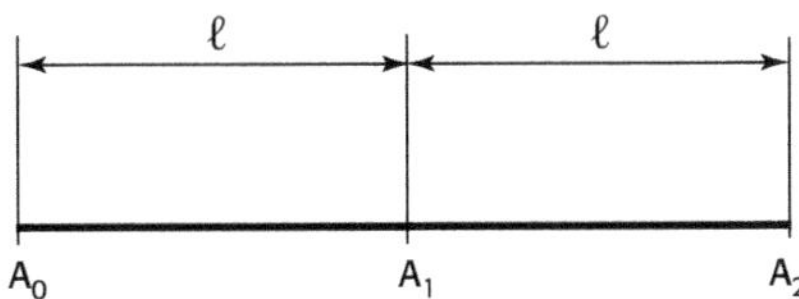

Figure 9.6. Poutre continue à deux travées égales.

Le moment fléchissant à l'abscisse x est donné par la formule générale (voir paragraphe 9.2) :

$$M(x) = m(x) + M_0 \left(1 - \frac{x}{\ell}\right) + M_1 \frac{x}{\ell}$$

Dans la travée A_0A_1, le moment fléchissant étant nul sur l'appui libre A_0 :

$$M_1(x) = p\,\frac{x(\ell - x)}{2} + M_1 \frac{x}{\ell}$$

De la même manière, sur la deuxième travée, M(x) est donné par :

$$M_2(x) = p\,\frac{x(\ell - x)}{2} + M_1\left(1 - \frac{x}{\ell}\right)$$

On vérifie que : $M_1(\ell) = M_1 = M_2(0)$.

Pour déterminer M_1, nous prenons en compte la continuité de la fibre moyenne sur l'appui A_1, c'est-à-dire une seule et même tangente à gauche et à droite[22], c'est-à-dire :

$$y'_1(\ell) = y'_2(0)$$

D'autre part, $y'' = \frac{M(x)}{EI}$ d'où :

$$EI\,y'_1 = EI\,y'_1(0) + p\left(\frac{\ell x^2}{4} - \frac{x^3}{6}\right) + M_1 \frac{x^2}{2\ell}$$

- $EIy'_1(0)$ est la constante d'intégration.
- EIy'_2 est obtenu par la même méthode :

$$EI\,y'_2 = EI\,y'_2(0) + p\left(\frac{\ell x^2}{4} - \frac{x^3}{6}\right) + M_1\left(x - \frac{x^2}{2\ell}\right)$$

Du fait de la symétrie des charges et des poutres, la déformée est symétrique.

Figure 9.7. Déformée d'une poutre continue.

On a donc $y'_1(0) = -y'_2(\ell)$.

On peut en déduire, et par conséquent vérifier, que :

$$y'_1(\ell) = y'_2(0) = 0 \quad \text{(tangente horizontale sur l'appui central).}$$

22. De plus, du fait de la symétrie, cette tangente est ici horizontale.

y'_1 et y'_2 sont alors donnés par :

$$EI\, y'_1 = p\left(\frac{\ell x^2}{4} - \frac{x^3}{6} - \frac{\ell^3}{12}\right) + M_1 \frac{x^2 - \ell^2}{2\ell}$$

$$EI\, y'_2 = p\left(\frac{\ell x^2}{4} - \frac{x^3}{6}\right) + M_1\left(x - \frac{x^2}{2\ell}\right)$$

Seules les constantes d'intégration ont pu être éliminées, mais pas l'inconnue hyperstatique. C'est logique, puisque les flèches n'ont pas encore été prises en compte, et notamment le fait que la flèche est nulle sur l'appui central, du fait du caractère incompressible des appuis, pris par hypothèse.

En intégrant les deux valeurs ci-dessus de y', deux nouvelles constantes d'intégration vont apparaître, mais nous allons obtenir trois équations : flèches nulles aux trois appuis. Ainsi l'inconnue hyperstatique pourra être déterminée.

Nous avons :

$$EI\, y_1 = EI\, y_1(0) + p\left(\frac{\ell x^3}{12} - \frac{x^3}{24} - \frac{\ell^3 x}{12}\right) + M_1\left(\frac{x^3}{6\ell} - \frac{\ell^2 x}{2\ell}\right)$$

$$EI\, y_2 = EI\, y_2(0) + p\left(\frac{\ell x^3}{12} - \frac{x^4}{24}\right) + M_1\left(\frac{x^2}{2} - \frac{x^3}{6\ell}\right)$$

En écrivant que la flèche est nulle en A_0 et en A_1 on déduit immédiatement que les constantes d'intégration $EIy_1(0)$ et $EIy_2(0)$ sont nulles.

Puisque $y_1(\ell)$ est nul, il vient :

$$p\left(\frac{\ell^4}{12} - \frac{\ell^4}{24} - \frac{\ell^4}{12}\right) + M_1\left(\frac{\ell^3}{6\ell} - \frac{\ell^3}{2\ell}\right) = 0 \qquad \text{soit} \quad M_1 = -\frac{p\ell^2}{8}.$$

9.6 Cas particulier des bâtiments courants en béton armé

Dans les bâtiments courants en béton armé, les poutres d'ossatures de planchers sont généralement solidaires des poteaux qui les supportent. Elles sont également continues de part et d'autre des poteaux, dans les travées intermédiaires, continues d'un seul côté pour les travées de rive.

Leur calcul exact est long et compliqué (encore que l'informatique apporte des solutions rapides), mais des méthodes simplifiées sont communément admises ; elles permettent d'ailleurs de vérifier rapidement des calculs, sans intervention de l'informatique.

Ci-après la méthode de calcul applicable aux planchers à charge d'exploitation modérée, dite *méthode forfaitaire,* est donnée telle qu'elle est fournie dans l'annexe E.1 des Règles BAEL 91 (*Règles techniques de conception et de calcul des ouvrages et constructions en béton armé suivant la méthode des états limites*).

9.6.1 Domaine d'application

Il est supposé que :

- la sollicitation due à la charge d'exploitation ne dépasse pas le double de celle due à la charge permanente ;
- les moments d'inertie des sections transversales sont les mêmes dans les différentes travées en continuité ;
- les portées successives sont dans un rapport compris entre 0,8 et 1,25.

9.6.1.1 Principe de la méthode

On calcule d'abord la valeur maximale du moment fléchissant, noté M_0, dans la *travée de comparaison,* c'est-à-dire dans la travée indépendante de même portée que la travée considérée et soumise aux mêmes charges.

La méthode consiste ensuite à évaluer les valeurs maximales des moments en travée et des moments sur appuis à des fractions de M_0 *fixées forfaitairement.*[23]

9.6.1.2 Conditions d'application de la méthode – Valeurs des coefficients

Appelons respectivement M_w et M_e les valeurs absolues des moments sur appuis de gauche (west) et de droite (east) et M_t le moment maximal en *travée* qui sont pris en compte dans les calculs de la travée considérée.

Appelons α le rapport des charges d'exploitation à la somme des charges permanentes et des charges d'exploitation : $\alpha = \frac{Q_B}{G + Q_B}$.

Les valeurs absolues de M_t, M_w et M_e doivent vérifier les conditions suivantes :

- $M_t + \frac{M_w + M_e}{2} \geq (1 + 0{,}3\,\alpha)M_0$.[24]
- Le moment maximal en travée M_t n'est pas inférieur à :

$$\frac{1 + 0{,}3\,\alpha}{2} M_0 \quad \text{dans le cas d'une travée intermédiaire :}$$

$$\frac{1{,}2 + 0{,}3\,\alpha}{2} M_0 \quad \text{dans le cas d'une travée de rive.}$$

- La valeur absolue de chaque moment sur appui intermédiaire n'est pas inférieure à :
  - 0,60 M_0 dans le cas d'une poutre à deux travées ;
  - 0,50 M_0 dans le cas des appuis voisins des appuis de rive d'une poutre à plus de deux travées ;
  - 0,40 M_0 dans le cas des autres appuis intermédiaires d'une poutre à plus de trois travées.

23. Les valeurs forfaitaires adoptées peuvent varier, *dans les limites données par la méthode*, suivant l'expérience que le projeteur peut avoir en la matière.
24. Le second membre de l'inégalité n'étant pas inférieur à 1,05 M_0.

De part et d'autre de chaque appui intermédiaire, est retenue, pour la vérification des sections, la plus grande des valeurs absolues des moments évalués à gauche et à droite de l'appui considéré.

Si les calculs font intervenir un moment d'encastrement sur un appui de rive, la résistance de cet appui sous l'effet du moment pris en compte doit être justifiée.

9.7 Autre méthode pour le calcul des poutres hyperstatiques – Équation de Clapeyron (ou des trois moments)

Nous avons vu précédemment comment, à partir de l'équation différentielle : $y'' = \frac{M(x)}{EI}$, on pouvait calculer les flèches et les moments sur appuis des poutres droites hyperstatiques.

Toutefois, les calculs sont souvent longs et fastidieux.

Il existe d'autres méthodes que le calcul brut développé jusqu'à présent, dont nous allons parler maintenant.

Notations

Tout d'abord, dans de nombreux ouvrages, des notations un peu différentes de celles employées jusqu'à présent sont utilisées :

- Par exemple, la notation v pour la flèche, au lieu de y. L'équation de base précédente devient ainsi : $\frac{d^2v(x)}{dx^2} = \frac{M(x)}{EI}$;
- La dérivée y'(x) est appelée rotation de la poutre et est notée $\omega(x)$;
- Enfin, le moment fléchissant correspondant à la poutre indépendante associée est noté $\mu(x)$. D'où l'expression du moment fléchissant dans une travée de poutre continue :

$$M(x) = \mu(x) + M_0\left(1 - \frac{x}{\ell}\right) + M_1\frac{x}{\ell}$$

Dans ce paragraphe 9.7, nous utiliserons ces diverses notations.

Détermination des rotations

On considère une poutre appuyée sur deux appuis G_0 et G_1, soumise uniquement à un couple appliqué dans la section G_0, et produisant dans cette section un moment fléchissant M_0.

Le moment M_0 provoque des réactions d'appui et une déformation de la poutre, d'où une rotation ω_0 en G_0 et une rotation ω_1 en G_1.

La poutre étant simplement appuyée en G_1, le moment fléchissant est nul en ce point.

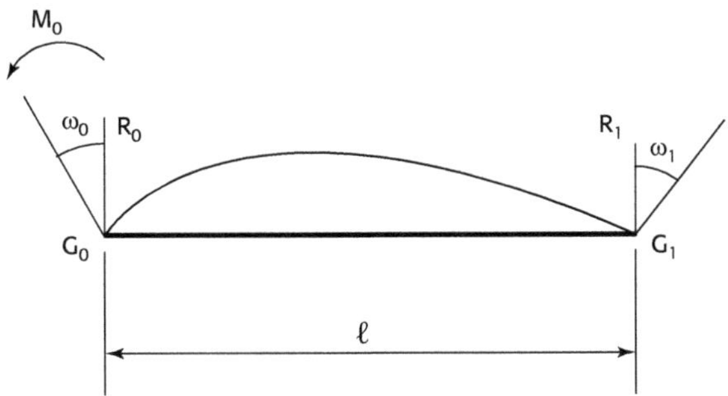

Figure 9.8. Rotations aux extrémités d'une travée.

On en déduit que :

$$M(\ell) = M_0 + R_0 \ell \qquad \text{d'où} \qquad R_0 = -\frac{M_0}{\ell}$$

Et le moment fléchissant à l'abscisse x est ainsi :

$$M(x) = M_0 + R_0 x = M_0 \left(1 - \frac{x}{\ell}\right)$$

Supposons que l'inertie de la section soit constante tout au long de la poutre, et utilisons la formule de base :

$$\frac{d^2v}{dx^2} = \frac{M(x)}{EI} \qquad \text{soit} \qquad \frac{d^2v}{dx^2} = \frac{M_0}{\ell\, EI} (\ell - x)$$

En intégrant une première fois, on trouve :

$$\omega(x) = -\frac{M_0}{2\ell\, EI} (\ell - x)^2 + K$$

En intégrant une deuxième fois, on a :

$$v(x) = \frac{M_0}{6\ell\, EI} (\ell - x)^3 + Kx + K'$$

On obtiendra les valeurs des constantes d'intégration en écrivant que la flèche est nulle aux deux appuis. D'où les deux relations :

$$v_0 = 0 = \frac{M_0}{6\ell\, EI} \ell^3 + K'$$

$$v_\ell = 0 = K\ell + K'$$

Les solutions de ces deux équations sont :

$$K = +\frac{M_0 \ell}{6\, EI} \qquad K' = -\frac{M_0 \ell^2}{6\, EI}$$

En portant ces résultats dans la relation donnant la rotation, on en tire :

$$\omega_0 = -\frac{M_0 \ell}{2\, EI} + \frac{M_0 \ell}{6\, EI} = -\frac{M_0 \ell}{3\, EI} \qquad \omega_1 = K = \frac{M_0 \ell}{6\, EI}$$

Ces deux résultats sont à retenir. Considérons maintenant un couple appliqué dans la section de droite G_1 et apportant un moment fléchissant M_1. Un calcul identique donnera les résultats suivants :

$$\omega_0 = -\frac{M_1\ell}{6\,EI} \qquad \omega_1 = \frac{M_1\ell}{3\,EI}$$

Retenons également ces résultats et supposons maintenant que les deux couples précédents soient appliqués simultanément. Le principe de superposition des états d'équilibre nous permet de donner les résultats globaux par simple addition des deux résultats précédents :

$$\omega_0 = -\frac{M_0\ell}{3\,EI} - \frac{M_1\ell}{6\,EI} \qquad \omega_1 = \frac{M_0\ell}{6\,EI} + \frac{M_1\ell}{3\,EI}$$

Si l'on ajoute maintenant l'effet de la charge appliquée à la même poutre supposée indépendante par un moment fléchissant $\mu(x)$, ceci nous ramène à la formule générale concernant les poutres hyperstatiques :

$$M(x) = \mu(x) = M_0\left(1 - \frac{x}{\ell}\right) M_1 + \frac{x}{\ell}$$

On peut obtenir une formule générale concernant les rotations, en appelant ω'_0 et ω'_1 les rotations de la poutre indépendante.

On obtient ainsi :

$$\omega_0 = \omega'_0 - \frac{M_0\ell}{3\,EI} - \frac{M_1\ell}{6\,EI} \qquad \omega_1 = \omega'_1 + \frac{M_0\ell}{6\,EI} + \frac{M_1\ell}{3\,EI}$$

Équation de Clapeyron (ou des trois moments)

Considérons maintenant deux travées contiguës d'une poutre continue et évaluons de deux façons la rotation de la section sur l'appui intermédiaire.

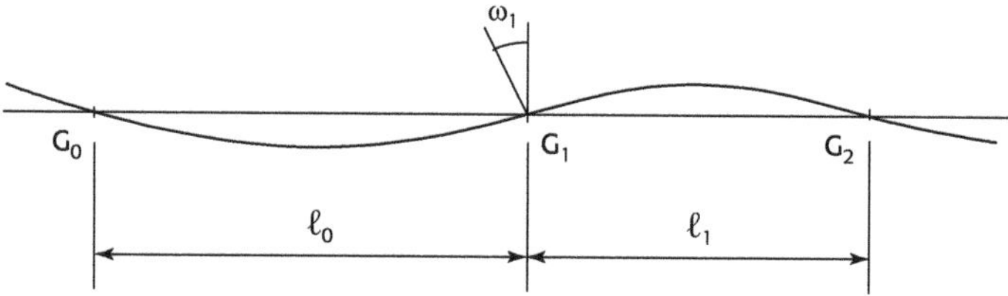

Figure 9.9. Rotation sur appui intermédiaire.

À partir des résultats précédents, on peut considérer ω_1 comme étant la rotation d'extrémité de la travée G_0G_1 :

$$\omega_1 = \omega'_{01} + \frac{M_0\ell_0}{6\,EI_0} + \frac{M_1\ell_0}{3\,EI_0}$$

On peut aussi considérer cette rotation comme étant la rotation d'origine de la travée G_1G_2 :

$$\omega_1 = \omega'_{10} - \frac{M_1\ell_1}{3\,EI_1} - \frac{M_2\ell_1}{6\,EI_1}$$

Puisque la poutre est continue en G_1, la rotation est la même sur chaque travée, d'où la relation :

$$\omega'_{01} + \frac{M_0\ell_0}{6\,EI_0} + \frac{M_1\ell_0}{3\,EI_0} = \omega'_{10} - \frac{M_1\ell_1}{3\,EI_1} - \frac{M_2\ell_1}{6\,EI_1}$$

Que l'on peut écrire :

$$\frac{M_0\ell_0}{6\,EI_0} + \frac{M_1}{3\,E}\left(\frac{\ell_0}{I_0} + \frac{\ell_1}{I_1}\right) + \frac{M_2\ell_1}{6\,EI_1} = \omega'_{10} - \omega'_{01}$$

C'est cette équation qui est dite « **de Clapeyron ou des trois moments** ».

Cette équation peut s'écrire autant de fois qu'il y a d'appuis intermédiaires et permet d'évaluer les moments de continuité de chacun de ces appuis.

On peut penser qu'il y a trois inconnues, mais en fait il n'en reste qu'une puisqu'à chaque appui d'extrémité de la poutre le moment est nul.

Pour illustrer cette équation, nous allons traiter deux exemples simples.

1. Le plus simple concerne une **poutre à deux travées égales** de même inertie I, chargées d'une même charge uniformément répartie d'intensité p (cas traité précédemment au paragraphe 9.5)
   Les moments d'extrémité M_0 et M_2 sont nuls.
   L'équation des trois moments se simplifie de la façon suivante :

   $$\frac{M_1 \times 2\ell}{3\,EI} = \omega'_{10} - \omega'_{01}$$

   Que valent les rotations ? Les deux rotations sont égales mais de signe contraire, du fait de la symétrie du système. Elles valent :

   Pour $x = 0$, on a $\omega_0 = -\dfrac{p\ell^3}{24\,EI}$ et pour $x = \ell$, on trouve $\omega_1 = +\dfrac{p\ell^3}{24\,EI}$.

   Ces résultats doivent être connus, de façon à ne pas les recalculer à chaque fois.
   Appliquons-les à l'équation simplifiée ci-dessus :

   $$\frac{M_1 \times 2\ell}{3\,EI} = \omega'_{10} - \omega'_{01} = -\frac{2p\ell^3}{24\,EI} \Rightarrow M_1 = -\frac{p\ell^2}{8}$$

   On retrouve bien le résultat du paragraphe 9.7.2.

2. Prenons maintenant le cas d'une poutre à trois travées égales de même inertie.
   Compte tenu de la symétrie, les moments sur les appuis intermédiaires sont égaux.
   En écrivant que $M_2 = M_1$ avec $M_0 = 0$, l'équation des trois moments s'écrit :

   $$\frac{5M_1\ell}{6\,EI} = \omega'_{10} - \omega'_{01} = -\frac{p\ell^3}{12\,EI} \Rightarrow M_1 = -\frac{p\ell^2}{10}$$

   On retrouve immédiatement les résultats du paragraphe 9.8.3.

Potentiel interne

La théorie du « potentiel interne d'une poutre » dépasse le niveau du présent cours.

Il paraît toutefois intéressant d'indiquer l'existence de cette théorie et les conclusions que l'on peut en attendre.

Considérons une latte de bois posée sur deux appuis.

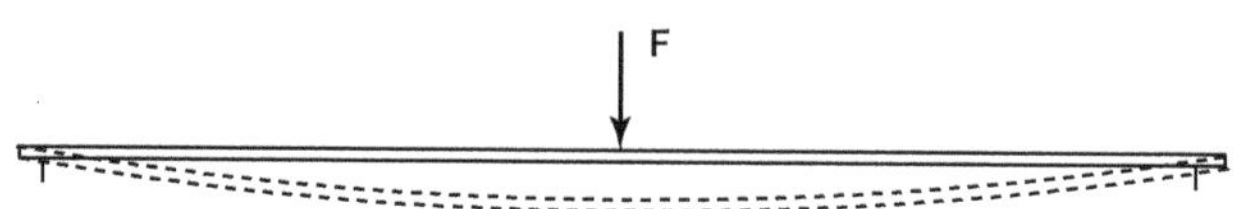

Figure 9.10. Flèche au centre d'une latte.

Sous l'action d'une force $\overrightarrow{F}$ appliquée à cette latte, celle-ci va se déformer vers le bas et prendre une *flèche.*

Mais si nous enlevons la force appliquée, la latte va reprendre sa position initiale sans aucune intervention extérieure. Elle n'a pu effectuer ce mouvement que grâce à une énergie qu'elle avait emmagasinée lors de sa déformation grâce au travail fourni par la force $\overrightarrow{F}$.

Cette énergie potentielle est appelée aussi *potentiel interne* W.

À l'intérieur de la latte, divers mouvements se sont produits : translations, rotations, torsions, etc. qui ont déjà été analysés lors de l'étude du moment fléchissant et de l'effort tranchant, par exemple.

On démontre les résultats suivants :

- sous l'action d'un effort normal, une section de poutre subit une translation de grandeur $d\sigma$. Cela aboutit à un potentiel interne accumulé $W = \frac{1}{2}\frac{N^2}{ES}\,d\sigma$;
- de même, sous l'action d'un moment fléchissant M, le potentiel interne est égal à $W = \frac{1}{2}\frac{M^2}{EI}\,d\sigma$.

L'effort tranchant donne également un potentiel interne, mais nous le négligerons.

En définitive, si nous considérons un tronçon de poutre entre les abscisses s_0 et s_1, le potentiel interne sur ce tronçon est égal à :

$$W = \frac{1}{2}\int_{s_0}^{s_1}\left(\frac{N^2}{ES}+\frac{M^2}{EI}\right)d\sigma$$

Notre information sur le potentiel interne s'arrêtera à ces généralités. Disons que la théorie permet de déterminer les déplacements des différents points d'une poutre ainsi que les inconnues hyperstatiques.

Exercice

Poutre encastrée à une extrémité sur appui simple à l'autre

Énoncé

Étudions le cas de la poutre encastrée à une extrémité, sur appui simple à l'autre (voir paragraphe 9.4 et fig. 9.11). Elle est soumise à une charge uniformément répartie de densité *p*.

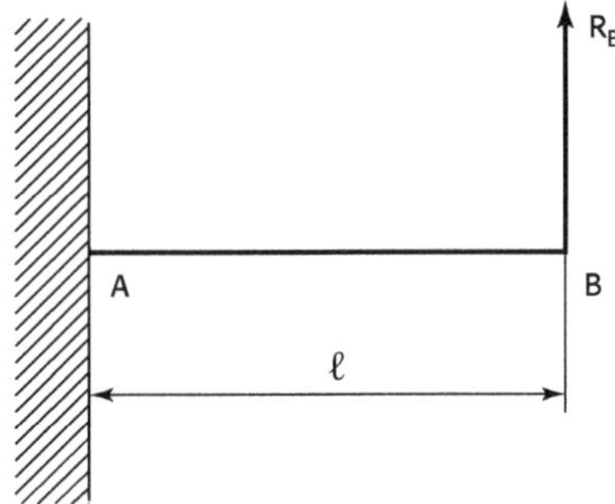

Figure 9.11. Poutre encastrée en A, sur appui simple en B.

Il est tout à fait possible d'imaginer que cette poutre est une console à l'extrémité de laquelle est appliquée une force R_B verticale, dirigée vers le haut, telle que le point B reste à l'horizontale du point A. Calculez R_B et, de là, le moment fléchissant dans la poutre.

Solution

Sous l'effet de la charge répartie, la console se déforme. La flèche à l'extrémité B, supposée libre, est alors donnée par :

$$f_1 = -\frac{p\ell^4}{8\,EI}$$

D'autre part nous avons vu que la même console, soumise à une force unique R_B, dirigée vers le haut, aurait une flèche positive égale à :

$$f_2 = +\frac{R_B\ell^3}{3\,EI}$$

Le point B ne peut rester fixe que si la somme des flèches est nulle :

$$\Sigma(f) = \text{flèche de la charge répartie } (f_1) + \text{flèche de la réaction } R_B\ (f_2) = 0.$$

Soit :

$$\frac{p\ell^4}{8\,EI} + \frac{R_B\ell^3}{3\,EI} = 0 \qquad \text{d'où} \quad R_B = \frac{3}{8}\,p\ell.$$

Or, le moment fléchissant à l'extrémité encastrée A est égal au moment des forces à droite, changé de signe. Ainsi, nous obtenons :

$$M_A = -\left[p\ell \times \frac{\ell}{2} - \frac{3}{8}\,p\ell \times \ell\right] = \frac{-p\ell^2}{8}$$

Nous retrouvons ainsi la valeur déterminée en 9.4.

Exercice

Poutre continue à deux travées égales

Énoncé

En appliquant une méthode semblable, étudiez le problème de la poutre continue à deux travées égales, chargée uniformément.

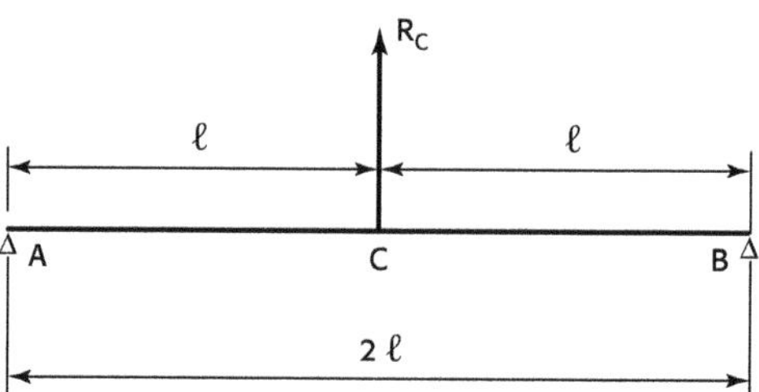

Figure 9.12. Poutre continue à deux travées égales.

Solution

La poutre peut être considérée comme une poutre sur appuis simples, de longueur : AB = L = 2ℓ, recevant en son milieu C une charge concentrée R_C dirigée vers le haut.

La flèche au milieu de la poutre, sous la charge répartie, est égale à $f_1 = -\frac{5}{384}\frac{pL^4}{EI}$ et celle due à la charge concentrée à :

$$f_2 = +R_C\,\frac{L^3}{48\,EI}$$

En écrivant $f_1 + f_2 = 0$ on en déduit :

$$R_C = \frac{5}{8}\,pL = \frac{5}{4}\,p\ell$$

Les réactions en A et B sont alors égales à :

$$R_A = R_B = \frac{1}{2}\left(2p\ell - \frac{5}{4}\,p\ell\right) = \frac{3}{8}\,p\ell$$

Le moment fléchissant sur l'appui intermédiaire C est alors :

$$M_C = \frac{3}{8} p\ell \times \ell - p\ell \times \frac{\ell}{2} = -\frac{p\ell^2}{8}$$

valeur qui avait été trouvée au paragraphe 9.5 et confirmée au paragraphe 9.7 par la méthode des trois moments.

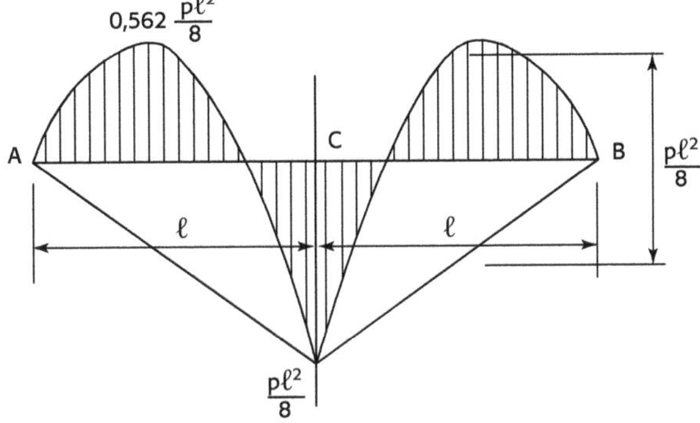

Figure 9.13. Ligne représentative du moment fléchissant.

Les deux exercices montrent que, dans des cas particuliers, il est possible de déterminer les inconnues hyperstatiques à l'aide d'astuces. Toutefois, dans les cas généraux, il est préférable de suivre la méthode consistant à déterminer la fibre moyenne déformée à partir de l'équation différentielle $y'' = \frac{M(x)}{EI}$ ou la méthode des trois moments.

Exercice

Poutre continue à trois travées égales

Énoncé

Considérons une poutre continue à trois travées égales, chargées de manière uniformément répartie avec une densité p (fig. 9.14).

Trouvez les valeurs de T(x) et M(x), et tracez les lignes représentatives.

Solution

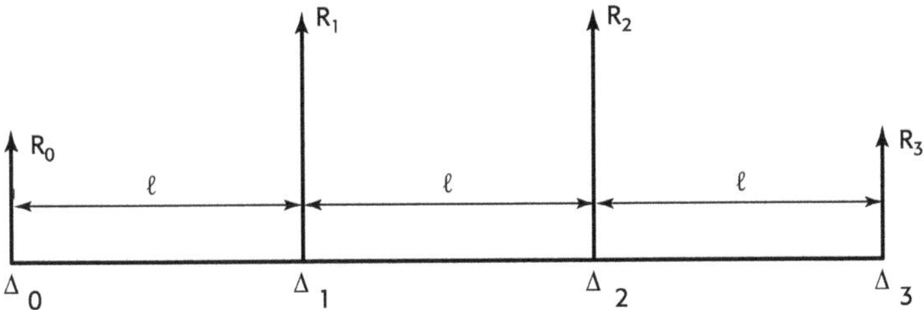

Figure 9.14. Poutre continue à trois travées égales.

Le système est hyperstatique de degré 2. Toutefois, du fait de la symétrie par rapport au milieu de la poutre, il suffit de déterminer une seule des inconnues hyperstatiques, par exemple la réaction R_0, et d'étudier le système sur seulement la moitié gauche.

Une première relation est obtenue en écrivant l'équilibre des forces :

$$R_0 + R_1 = 1{,}5\ p\ell \tag{9.3}$$

L'étude de la travée 0–1 permet d'obtenir :

$$M(x) = R_0 x - \frac{px^2}{2} \qquad \text{d'où} \qquad EI\ y'_0 + R_0\frac{x^2}{2} - p\frac{x^3}{6}$$

où $EI\ y'_0$ est la constante d'intégration.

En intégrant une seconde fois on obtient la flèche y :

$$EI\ y = EI\ y_0 + EI\ y'_0 x + R_0\frac{x^3}{6} - p\frac{x^4}{24}$$

La flèche étant nulle à l'appui 0, on extrait $y_0 = 0$.

En écrivant ensuite que la flèche est nulle à l'appui 1, soit pour $x = \ell$, on trouve :

$$EI\ y(\ell) = EI\ \ell\ y'_0 x + R_0\frac{\ell^3}{6} - p\frac{\ell^4}{24} = 0,$$

d'où :

$$EI\ y'_0 + R_0\frac{\ell^2}{6} - p\frac{\ell^3}{24} = 0 \tag{9.4}$$

Ensuite, l'étude de la travée 1–2 permet d'obtenir :

$$M(x) = R_0 x + R_1(x - \ell) - p\frac{x^2}{2}$$

d'où $EI\ y' = EI\ y'_1 + R_0\frac{x^2}{2} + R_1\frac{(x-\ell)^2}{2} - p\frac{x^3}{6}$.

Écrivons la continuité de la tangente à la déformée de part et d'autre de l'appui 1 :

- pour la travée 0–1, $EI\ y'(\ell) = EI\ y'_0 + R_0\frac{\ell^2}{2} - p\frac{\ell^3}{6}$;
- pour la travée 1–2, $EI\ y'(\ell) = EI\ y'_1 + R_0\frac{\ell^2}{2} - p\frac{\ell^3}{6}$.

De l'égalité des valeurs de $y'(\ell)$ dans les deux travées, on extrait $y'_0 = y'_1$.

La tangente à la déformée étant horizontale au milieu de la travée 1–2, on obtient :

$$EI\ y'\left(\frac{3\ell}{2}\right) = 0 = EI\ y'_0 + R_0\frac{9\ell^2}{8} + \frac{R_1}{2}\frac{\ell^2}{4} - \frac{p}{6}\frac{27\ell^2}{8}.$$

En remplaçant R_1 par sa valeur obtenue par l'équation (9.3), il vient :

$$EI\ y'_0 + \ell^2 R_0 - \frac{3}{8}p\ell^3 = 0. \tag{9.5}$$

Le système est ainsi composé de deux équations linéaires à deux inconnues : (9.4) et (9.5) dont on extrait facilement $R_0 = \frac{16}{40}p\ell = 0{,}4\ p\ell$.

Par suite, il est facile de calculer T(x) et M(x).

L'effort tranchant a pour valeur :

- travée 0–1 : $T = 0{,}4\,p\ell - px$;
- travée 1–2 : $T = 1{,}5\,p\ell - px$.

Le moment fléchissant a pour valeur :

- travée 0–1 : $M = 0{,}4\,p\ell x - 0{,}5\,px^2$;
- travée 1–2 : $M = 1{,}5\,p\ell x - 1{,}1\,p\ell^2 - 0{,}5\,px^2$.

Ainsi, on trace les lignes représentatives suivantes (fig. 9.14 et 9.15).

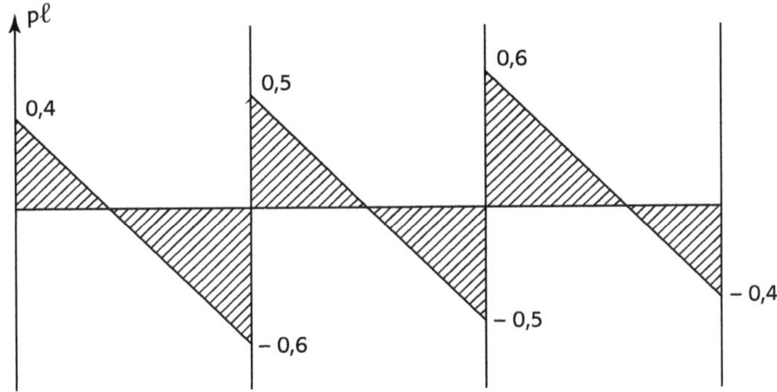

Figure 9.15. Ligne représentative de l'effort tranchant.

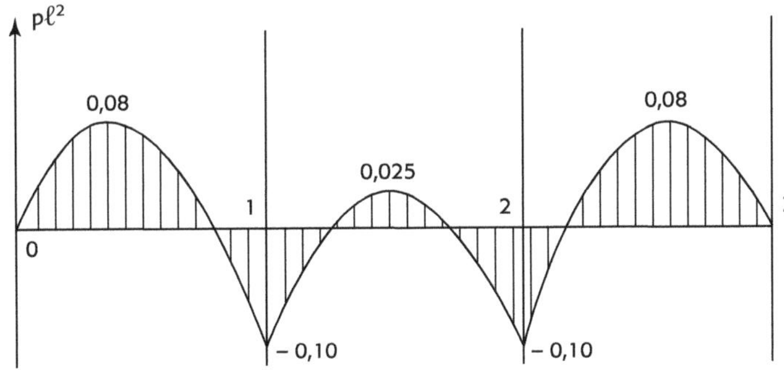

Figure 9.16. Ligne représentative du moment fléchissant.

Exercice

Poutre continue à quatre travées égales

Énoncé

On considère une poutre continue ABCDE supposée chargée uniformément avec une charge unitaire de valeur p.

On a AB = BC = CD = DE = ℓ.

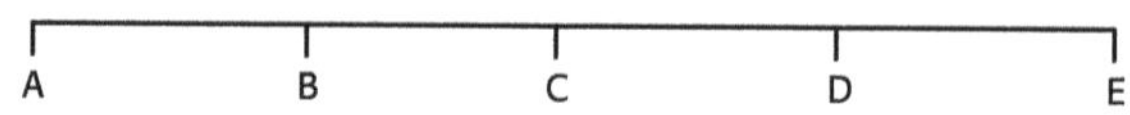

Figure 9.17. Poutre à quatre traves égales.

On déterminera :

- les réactions d'appui ;
- les moments aux appuis B, C et D ;
- Les moments maximaux dans les quatre travées.

1. En utilisant seulement l'équation de la déformée :

$$\frac{d^2v(x)}{dx^2} = \frac{M(x)}{EI}$$

2. En utilisant l'équation des trois moments.

Solution

1. Méthode de la ligne déformée

Tout d'abord, compte tenu de la symétrie de géométrie et de charges, on peut se contenter de considérer la moitié gauche de la poutre, c'est-à-dire les travées AB et BC.

La charge totale est égale à 4 $p\ell$. Sachant que les réactions en A et en E sont égales, de même que les réactions en B et en D, on peut écrire :

$$2\,R_A + R_B + R_C = 4\,p\ell$$

Sur la première travée, le moment fléchissant est égal à :

$$M_1(x) = R_A x - \frac{px^2}{2}$$

L'équation de base est donc :

$$\frac{d^2v}{dx^2} = \frac{1}{EI}\left[R_A x - \frac{px^2}{2}\right]$$

Ce qui donne :

$$\frac{dv}{dx} = \frac{1}{EI}\left[R_A\frac{x^2}{2} - \frac{px^3}{6} + K_1\right] \Rightarrow v = \frac{1}{EI}\left[R_A\frac{x^3}{6} - \frac{px^4}{24} + K_1 x + K_1'\right]$$

Pour $x = 0$, la flèche est nulle, ce qui donne $K_1' = 0$

Pour $x = \ell$, la flèche est nulle également, ce qui permet de déterminer K_1.

On trouve ainsi :

$$K_1 = -\frac{R_A\ell^2}{6} + \frac{p\ell^3}{24}$$

D'où la rotation de la travée AB au point B :

$$\omega_{1B} = \frac{1}{EI}\left[\frac{R_A\ell^2}{3} - \frac{p\ell^3}{8}\right]$$

Passons maintenant à la deuxième travée : BC.

Le moment fléchissant est égal à :

$$M(x) = R_A x + R_B(x-\ell) - \frac{px^2}{2}$$

D'où les calculs successifs :

$$\frac{d^2v}{dx^2} = \frac{1}{EI}\left[R_A x + R_B(x-\ell) - \frac{px^2}{2}\right]$$

$$\frac{dv}{dx} = \frac{1}{EI}\left[R_A\frac{x^2}{2} + R_B\frac{(x-\ell)^2}{2} - \frac{px^3}{2} + K_2\right]$$

$$v(x) = \frac{1}{EI}\left[R_A\frac{x^3}{6} + R_B\frac{(x-\ell)^3}{6} - \frac{px^4}{24} + K_2 x + K'_2\right]$$

En écrivant que la flèche est nulle en B et en C, on détermine les deux constantes d'intégration. On trouve notamment :

$$K_2 = -\frac{7R_A\ell^2}{6} - \frac{R_B\ell^2}{6} + \frac{15\,p\ell^3}{24}$$

On trouve ainsi :

$$\omega_{2B} = \frac{1}{EI}\left[-\frac{4R_A\ell^2}{6} - \frac{R_B\ell^2}{6} + \frac{11\,p\ell^3}{24}\right]$$

$$\omega_{2C} = \frac{1}{EI}\left[+\frac{5R_A\ell^2}{6} + \frac{R_B\ell^2}{3} - \frac{17\,p\ell^3}{24}\right]$$

Pour trouver R_A et R_B nous écrirons :

- que la rotation est la même en B, sur la travée 1 ou sur la travée 2 ;
- que la rotation est nulle en C du fait de la symétrie (tangente à la déformée horizontale).

La première relation donne $\omega_{1B} = \omega_{2B}$ soit :

$$\left[\frac{R_A\ell^2}{3} - \frac{p\ell^3}{8}\right] = \left[-\frac{4R_A\ell^2}{6} - \frac{R_B\ell^2}{6} + \frac{11\,p\ell^3}{24}\right] \Rightarrow 24\,R_A + 4\,R_B = 14\,p\ell$$

La deuxième équation donne :

$$\omega_{2C} = \frac{1}{EI}\left[\frac{5R_A\ell^2}{6} + \frac{R_B\ell^2}{3} - \frac{17\,p\ell^3}{24}\right] = 0 \Rightarrow 20\,R_A + 8\,R_B = 17\,p\ell$$

La résolution du système donne :

$$R_A = \frac{11}{28}\,p\ell = 0{,}393\ p\ell \qquad R_B = \frac{8}{7}\,p\ell = 1{,}143\ p\ell$$

À partir de ces réactions hyperstatiques, on peut trouver les moments sur appuis :

$$M_B = R_A\ell - \frac{p\ell^2}{2} = \frac{-3}{28}\,p\ell^2 = \frac{-6}{7}\,\frac{p\ell^2}{8} = -\frac{6}{7}\,M_0 = -\,0{,}857\ M_0$$

$$M_C = R_A \times 2\ell + R_B\ell - \frac{p\times 4\ell^2}{2} = -\frac{2p\ell^2}{28} = -\,\frac{4}{7}\,\frac{p\ell^2}{8} = -\frac{4}{7}\,M_0 = -\,0{,}571\ M_0$$

D'autre part, les moments positifs maximaux en travée sont :

- travée de rive (AB et DE) : 0,618 M_0 ;
- travées centrales (BC et CD) : 0,291 M_0.

2. Application de l'équation des trois moments

Le calcul est beaucoup plus rapide dans le cas de travées égales et uniformément chargées.

Du fait de la symétrie, nous avons égalité des moments en A et E (moments nuls sur les appuis simples) et en B et D. Nous écrirons donc MD = MB dans l'équation. Nous appellerons également $M_0 = \frac{p\ell^2}{8}$.

On considère tout d'abord l'ensemble des deux travées AB et BC.

Le moment en A étant nul, l'équation s'écrit :

$$\frac{2M_B\ell}{3\,EI} + \frac{M_C\ell}{6\,EI} = \frac{-p\ell^3}{12\,EI} \Rightarrow 4\,M_B + M_C = \frac{-p\ell^2}{2} = -\,4\,M_0$$

On applique ensuite la relation aux travées BC–CD.

En simplifiant par 6 EI, et en remplaçant MD par MB, on trouve la deuxième relation :

$$2\,M_B + 4\,M_C = -\,4\,M_0$$

La résolution du système donne :

$$M_B = -\frac{6}{7}\,M_0 = -\,0{,}857\,M_0$$

$$M_C = -\frac{4}{7}\,M_0 = -\,0{,}571\,M_0$$

(On retrouve les résultats donnés par la méthode précédente.)

À partir de là, on peut calculer les réactions et vérifier que leur somme est égale à $4\,p\ell$.

On calcule directement le MF en B, ce qui permet de trouver immédiatement R_A :

$$M(\ell) = R_A\ell - \frac{p\ell^2}{2} = -\frac{6}{7}\frac{p\ell^2}{8} \Rightarrow R_A = \frac{22}{56}p\ell = 0{,}393\,p\ell$$

Pour trouver R_B, on calcule le moment en C en remplaçant R_A par la valeur trouvée ci-dessus.

$$M(2\ell) = 2R_A\ell + R_B\ell - \frac{4p\ell^2}{2} = -\frac{4}{7}\frac{p\ell^2}{8} \Rightarrow R_B = \frac{64}{56}p\ell = 1{,}143\,p\ell$$

Enfin, pour calculer R_C, on déterminera le moment en D :

$$M(3\ell) = 3R_A\ell + 2R_B\ell + R_C\ell - \frac{9p\ell^2}{2} = -\frac{6}{7}\frac{p\ell^2}{8} \Rightarrow R_C = \frac{52}{56}p\ell = 0{,}929\,p\ell$$

On peut vérifier que :

$$2R_A + 2R_B + R_C = p\ell\left[\frac{44+128+52}{56}\right] = 4p\ell \qquad \textit{CQFD}$$

Les moments positifs maxima en travée sont :

- travée de rive : 0,618 M_0 ;
- travées centrales : 0,291 M_0.

D'où la ligne représentative du moment fléchissant (fig. 9.18).

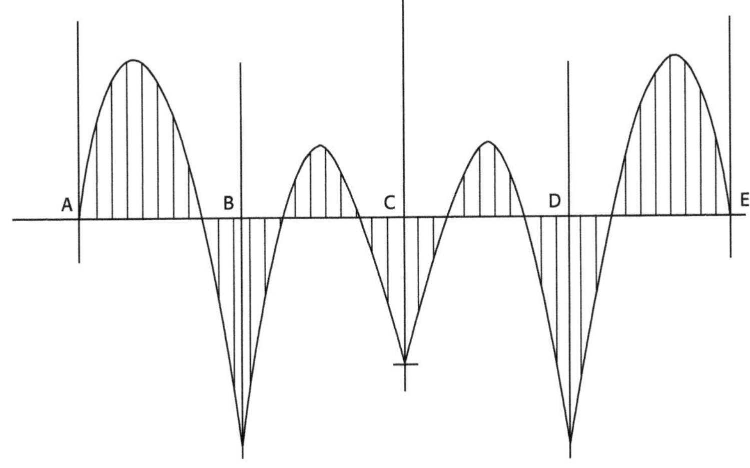

Figure 9.18. Ligne représentative du moment fléchissant.

CHAPITRE 10

Systèmes réticulés isostatiques

10.1 Définitions

Un système *réticulé (ou à treillis)* est un système composé de barres rectilignes articulées entre elles à leurs extrémités ; les points d'articulation, communs à plusieurs barres, sont les *nœuds* du système.

Les seules forces extérieures appliquées au système (forces données et réactions d'appuis) sont supposées être appliquées aux nœuds. Il en résulte qu'une barre AB du système, comprise entre les nœuds A et B, est en équilibre sous l'action de deux forces égales et opposées appliquées, l'une en A, l'autre en B. Cette barre ne supporte donc qu'une force normale $\overrightarrow{F}$, appelée *effort dans la barre* AB. Par convention, la valeur algébrique de $\overrightarrow{F}$ est positive si la barre AB est comprimée, négative si la barre AB est tendue.

Lorsque toutes les barres et les forces appliquées sont dans un même plan, le système est un *système réticulé* plan.

Un système triangulé est un système réticulé formé de triangles juxtaposés extérieurement, les barres étant les côtés communs à deux triangles. Dans cet ouvrage, seule l'étude des systèmes triangulés plans est traitée.

Le problème posé par le calcul des systèmes réticulés est la détermination des réactions d'appui et des efforts dans les barres. Les équations de la statique sont au nombre de trois (deux, s'il n'y a que des forces verticales). Si ces trois équations suffisent pour déterminer les réactions d'appui, le système réticulé est dit *extérieurement isostatique.* S'il existe des réactions en nombre surabondant, le système est dit *extérieurement hyperstatique.* Les réactions d'appui une fois connues, s'il est possible de déterminer tous les efforts dans les barres, le système est dit *intérieurement isostatique.* Seule l'étude de tels systèmes est traitée.

Si nous avons n nœuds et b barres, la condition pour que le système soit isostatique est $b = 2n - 3$. Cette condition est également une condition nécessaire et suffisante pour que le système soit strictement indéformable.

10.2 Méthode des nœuds – Épure de Crémona

Une méthode de détermination des efforts dans les barres d'un système intérieurement isostatique est la méthode des *nœuds* : il s'agit d'écrire l'équilibre des forces et réactions appliquées à chaque nœud, ce qui conduit à résoudre un système d'équations linéaires. Ceci suppose obligatoirement que les forces sont toutes appliquées aux nœuds du système. Or il n'en est pas toujours ainsi : c'est notamment le cas du poids propre des barres qui est réparti le long de chaque barre ; il en est de même des charges de vent ou de neige. Dans ce cas, il convient de répartir les charges sur les nœuds situés aux extrémités de la barre. Par exemple, le poids propre de la barre CA (fig. 10.1) sera réparti, pour moitié, sur les nœuds C et A.

Il est possible de traduire graphiquement la méthode des nœuds par *l'épure de Crémona,* en associant à chaque nœud, le polygone des forces qui lui sont appliquées.

La méthode de construction est expliquée à partir de l'exemple suivant :

Soit le système triangulé ci-après (fig. 10.1), posé sur deux appuis simples A et B.

Ce système supporte deux charges concentrées : $P_1 = 60\ 000$ N, au nœud D ; $P_2 = 30\ 000$ N au nœud F.

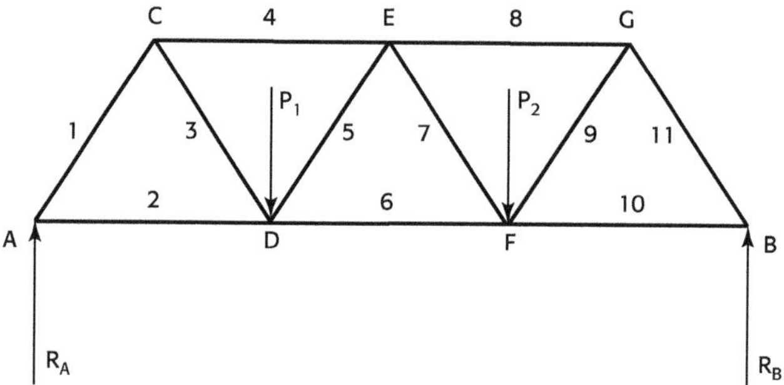

Figure 10.1. Système triangulé sur deux appuis simples.

Vérifions que le système est isostatique :

- le nombre de barres est égal à 11 ;
- le nombre de nœuds est de 7.

On a bien $b = 2n - 3$ $(11 = 14 - 3)$.

Les réactions aux appuis sont, respectivement, $R_A = 50\ 000$ N et $R_B = 40\ 000$ N.

Pour construire le *Crémona,* considérons une origine O quelconque, après avoir numéroté les barres.

Considérons d'abord le nœud A. En faisant le tour de ce nœud vers la gauche, nous trouvons la réaction $\overrightarrow{R_A}$ que nous traçons à partir de O sur le graphique Crémona, puis la force exercée dans la barre 2, puis la force dans la barre 1 (fig. 10.2).

Il faut remarquer, et cela est valable de façon générale, que seules subsistent deux inconnues. Ceci est fondamental : en effet, la solution consiste à construire un triangle et il faut disposer d'un côté et des directions des deux autres côtés. S'il y a plus de deux inconnues, nous ne sommes plus dans le cas d'un triangle.

Dans notre cas, la solution est immédiate : nous connaissons l'un des trois côtés, à savoir la réaction $\overrightarrow{R_A}$ et les directions des deux autres côtés, à savoir les directions des deux barres 1 et 2, puisque les forces sont dirigées dans le sens des barres.

Il est ainsi possible de construire le triangle OMP, dans l'ordre où les différentes forces ont été trouvées, c'est-à-dire $\overrightarrow{R_A}$, $\overrightarrow{2}$ et $\overrightarrow{1}$, en traçant, à partir de l'extrémité M du vecteur $\overrightarrow{OM} = \overrightarrow{R_A}$ une parallèle à la barre 2, et à partir de 0, une parallèle à la barre 1, les deux droites se coupant au point P.

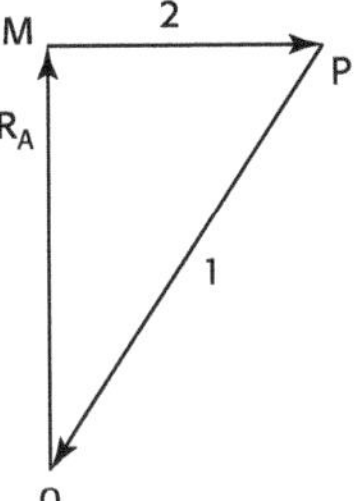

Figure 10.2. Épure de Crémona du nœud A.

Ainsi deux forces ont été déterminées : celles dans les barres 1 et 2.

Quant aux flèches de direction des forces, elles permettent de savoir si la barre est comprimée ou tendue : pour cela il suffit de reporter les forces, avec la flèche correspondante, sur le dessin de la poutre.

Par exemple, la force $\overrightarrow{MP}$ reportée sur la barre 2 *s'éloigne* du nœud A : ceci indique que la barre 2 est **tendue.** Au contraire, la force $\overrightarrow{PO}$ reportée sur la barre 1, *se dirige* vers le nœud A : la barre 1 est **comprimée** (fig. 10.3).

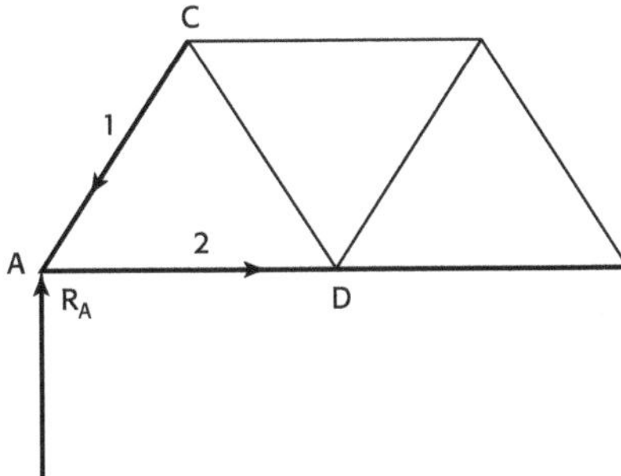

Figure 10.3. Équilibre du nœud A.

Étudions ensuite le nœud C.

En effet, il importe de passer au nœud C pour lequel deux inconnues subsistent, les efforts dans les barres 3 et 4, alors qu'au nœud D subsistent trois inconnues : les efforts dans les barres 3, 5 et 6 (fig. 10.1). Par la suite, lorsque nous connaîtrons l'effort dans la barre 3, il ne subsistera plus au nœud D que deux inconnues : les efforts dans les barres 5 et 6.

En tournant toujours de la droite vers la gauche, nous trouvons, dans l'ordre, la force $\overrightarrow{1}$, la force $\overrightarrow{3}$ et la force $\overrightarrow{4}$.

La force $\overrightarrow{1}$ est connue, puisque déterminée par l'épure de Crémona du triangle précédent. Toutefois, il faut considérer la force égale et opposée, c'est-à-dire la réaction opposée par le nœud C à la force appliquée en provenance de A. D'ailleurs, la barre 1, qui a été déterminée comme comprimée, dans l'équilibre du nœud A, l'est obligatoirement aussi dans l'équilibre du nœud C. Compte tenu des conventions indiquées ci-dessus, la force $\overrightarrow{1}$ doit donc se diriger vers le nœud C.

Pour construire l'épure de Crémona du nœud C, il faut donc opérer de la manière suivante :

- partir de la force connue, c'est-à-dire la force $\overrightarrow{1}$. Cette force existe déjà dans le graphique de la figure 10.2 : c'est la force $\overrightarrow{OP}$;
- comme il faut changer de sens, il faut partir de O vers P. O et P sont donc les extrémités du côté connu du triangle d'équilibre des forces du nœud C ;
- le triangle se construit en traçant, à partir de P, une parallèle à la force $\overrightarrow{3}$, et à partir de O, une parallèle à la force $\overrightarrow{4}$. Les deux droites se coupent en Q, qui est le troisième sommet du triangle.

Pour le sens des flèches, il convient de considérer le graphique en partant de O, comme indiqué ci-dessus, en suivant les forces dans l'ordre où elles ont été trouvées, en tournant vers la gauche, c'est-à-dire $\overrightarrow{3}$, puis $\overrightarrow{4}$ (fig 10.4).

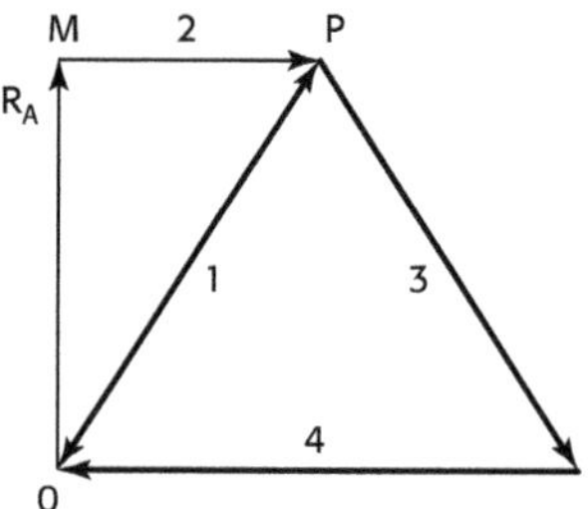

Figure 10.4. Épure de Crémona du nœud C.

Il faut ensuite passer au nœud D, où concourent cinq forces, dont seulement deux sont inconnues.

Considérons la force $\overrightarrow{3}$: au nœud C, cette force s'éloigne du point C ; au nœud D, elle s'éloigne aussi du point D, puisque la barre est tendue.

De la même manière, la barre 3, montrée comme étant tendue par l'épure de Crémona du nœud C, doit, elle aussi, s'éloigner du point D.

Pour construire l'épure de Crémona, il faut garder pour la fin du tracé les deux forces inconnues. On commence par la barre 3, soit $\overrightarrow{QP}$, puis la barre 2, soit $\overrightarrow{PM}$, puis la force de 60 000 N, appliquée au nœud, soit le vecteur $\overrightarrow{MS}$.

S et Q sont donc les points à partir desquels on trace les parallèles aux forces $\overrightarrow{6}$ et $\overrightarrow{5}$ dans cet ordre, où on les a rencontrées en tournant vers la gauche, d'où l'épure de Crémona (fig. 10.5).

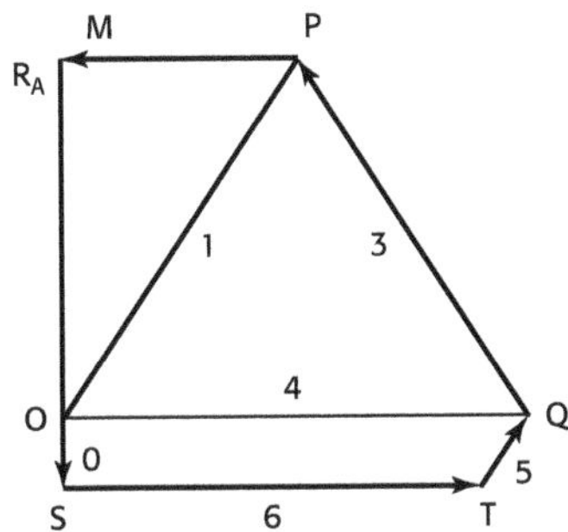

Figure 10.5. Épure de Crémona du nœud D.

La poutre étant symétrique, l'ensemble des efforts dans les différentes barres est ainsi déterminé. Le lecteur est toutefois invité à continuer le tracé du Crémona qui doit le ramener au point origine O.

10.3 Méthode des sections

Partageons le système réticulé isostatique en deux au moyen d'une section (ou coupure) (S), rencontrant en général trois barres (fig. 10.6). Pour conserver l'équilibre de la partie du système située à droite de la section, il faut que le système des forces extérieures appliquées à la partie du système située à gauche de la section soit équivalent au système des forces exercées sur la partie droite par les barres rencontrées par la section.

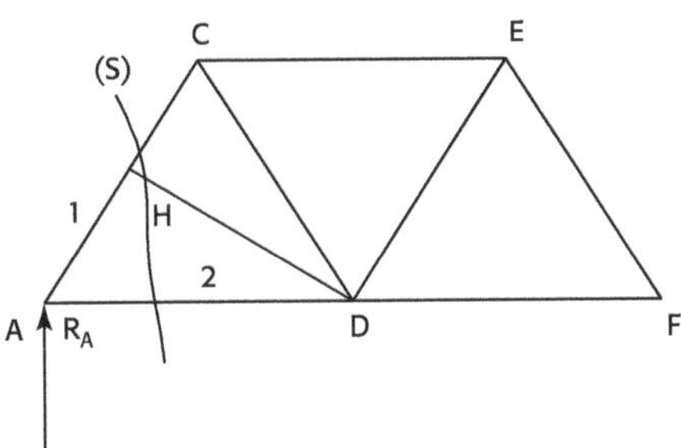

Figure 10.6. Coupure d'un système réticulé.

Par exemple, dans le cas de la figure 10.6, le système reste en équilibre si l'on remplace le système des forces situées à gauche de la section (S) par les forces exercées sur la partie droite par les barres AC et AD (fig. 10.7 et 10.8).

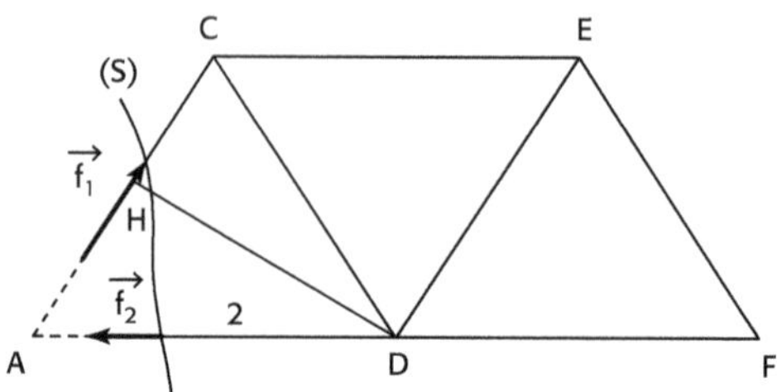

Figure 10.7. Forces équilibrant la partie droite de la coupure.

Pour trouver l'équilibre de la partie gauche, on peut utiliser les trois équations de la statique, mais il est souvent plus facile, d'utiliser uniquement l'équation indiquant que le moment résultant par rapport à un point quelconque est nul, en choisissant judicieusement le point de sorte d'avoir une seule inconnue dans l'équation.

Par exemple, considérons le système de la figure 10.1. Coupons d'abord la poutre par une section (S) située entre A et CD. La partie gauche est en équilibre comme indiqué dans la figure 10.8.

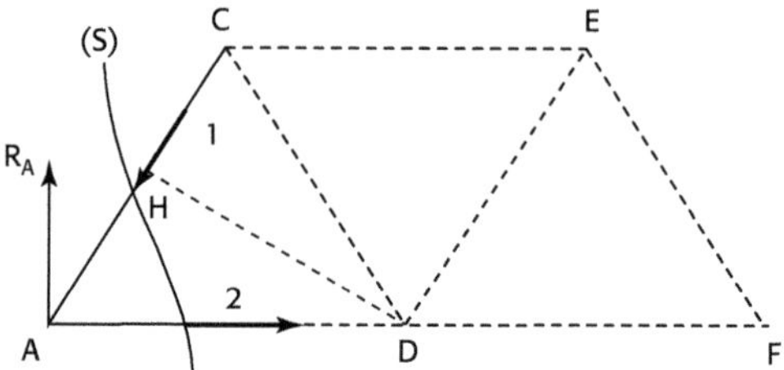

Figure 10.8. Forces équilibrant la partie à gauche de la coupure.

Le moment résultant par rapport à D est nul. D est choisi parce que le moment de la force de la barre AD est nul par rapport à ce point. Ainsi, il ne reste plus qu'une seule inconnue : l'effort dans la barre AC.

On obtient : M/D = 0 = RA × AD + FAC × DH

Nous remarquons immédiatement que la force $\overrightarrow{F_{AC}}$ doit avoir le sens indiqué sur la figure 10.8. Sa grandeur absolue est :

$$F_{AC} = \frac{R_A \times AD}{DH}$$

Pour trouver la force $\overrightarrow{F_{AD}}$ il suffit de calculer le moment par rapport au point C. $\overrightarrow{F_{AD}}$ a le sens indiqué sur la figure 10.8. Sa valeur est telle que :

$$F_{AD} = \frac{R_A \times LC}{CK}$$

Pour trouver les efforts dans les barres CD et CE, on coupe la poutre par une section (S'), telle que mentionné sur la figure 10.9. En considérant la partie gauche de (S'), les seules forces extérieures à cette partie sont la réaction $\overrightarrow{R_A}$ et les efforts en CE, CD et AD.

$\overrightarrow{F_{AD}}$ est déjà connu : il ne reste plus que deux inconnues. Pour obtenir $\overrightarrow{F_{CE}}$, on calculera le moment par rapport à D.

Pour obtenir $\overrightarrow{F_{CD}}$, on calculera le moment par rapport à E.

La méthode des sections est beaucoup plus précise que la méthode de Crémona, lorsque les dimensions de la pièce sont connues avec exactitude.

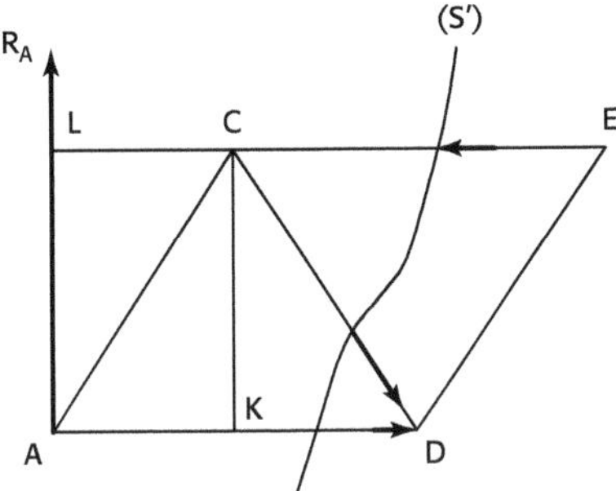

Figure 10.9. Forces exercées sur la partie gauche de la poutre, à droite de la section (S').

Exercice

Poutre triangulée

Énoncé

Considérons la poutre triangulée (fig. 10.10), reposant sur deux appuis simples A et D. Chaque barre a une longueur de 3 m. La poutre reçoit au nœud B une charge de 80 kN et au nœud C une charge de 20 kN.

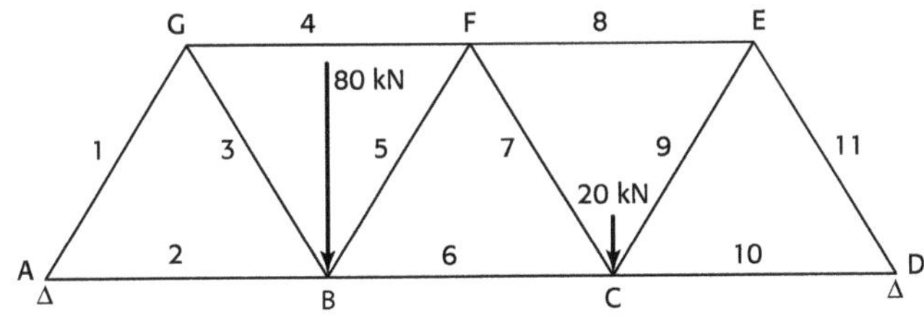

Figure 10.10. Poutre triangulée isostatique

1. Dessinez le Crémona du système. En déduire les efforts dans les barres.
2. Calculez les efforts dans les barres 1, 2, 3 et 4 par la méthode des sections.
3. Considérez les forces calculées précédemment pour le nœud G, et vérifiez que leur résultante est bien nulle.

Solution

Vérifions d'abord que le système est bien isostatique. Le système compte 7 nœuds et 11 barres. On a bien $(2 \times 7) - 11 = 3$.

Calculons les réactions d'appui : M/D = 0 donne $R_A = 60$ kN, d'où $R_B = 40$ kN.

1. Épure de Crémona. Nous avons :

$$\overrightarrow{OP} = \overrightarrow{R_A} \;;$$
$$\overrightarrow{NO} = \overrightarrow{R_D} \;;$$
$$\overrightarrow{PM} = \text{force extérieure de 80 kN} \;;$$
$$\overrightarrow{MN} = \text{force extérieure de 20 kN.}$$

Ce qui permet de dessiner l'épure suivante (fig. 10.11).

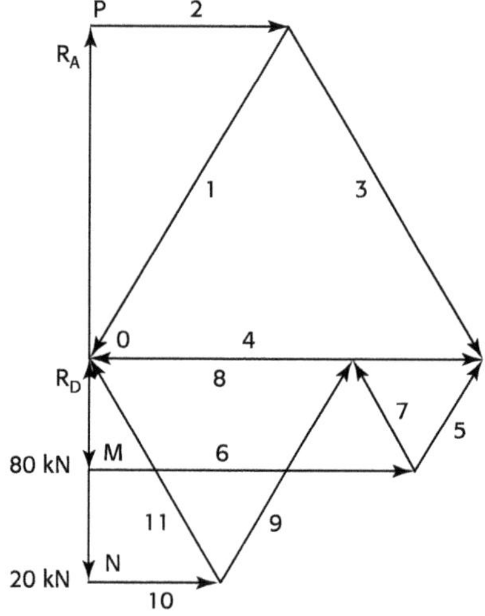

Figure 10.11. Épure de Crémona de la poutre.

La mesure sur le graphique donne les résultats consignés dans le tableau 10.1 :

Barre	Comprimée	Tendue	Effort (en kN)
1	×		69
2		×	35
3		×	69
4	×		69
5		×	23
6		×	58
7	×		23
8	×		46
9		×	46
10		×	23
11	×		46

Tableau 10.1.

2. Méthode des sections :

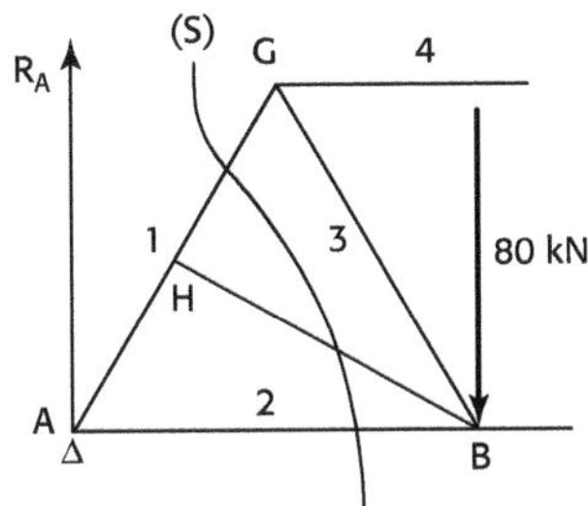

Figure 10.12. Coupure par une section (S).

Effectuons une coupure la poutre par une section (S) (fig. 10.12).

Pour qu'il y ait équilibre, il faut que la force extérieure, c'est-à-dire la réaction $\overrightarrow{R_A} = 60$ kN, soit équilibrée par le système des forces intérieures, c'est-à-dire les efforts dans les barres 1 et 2. Le moment de ces forces par rapport à B étant nul, il est possible d'écrire, sachant que $BH = \dfrac{3\sqrt{3}}{2}$:

$$R_A \times 3 + F_1 \times 3\,\frac{\sqrt{3}}{2} = 0$$

d'où[25] :

$$F_1 = -\,\frac{60 \times 2}{\sqrt{3}} = -\,69{,}2 \text{ kN}.$$

La force $\overrightarrow{F_1}$ est dirigée vers le nœud A ; la barre 1 est donc comprimée.

En prenant le moment par rapport à G, on obtient :

$$60 \times \frac{3}{2} + F_2 \times \frac{3\sqrt{3}}{2} = 0 \qquad \text{d'où} \qquad F_2 = -\,\frac{60}{\sqrt{3}} = -\,34{,}6 \text{ kN}$$

La force $\overrightarrow{F_2}$ s'éloigne du nœud A : la barre 2 est donc tendue.

Coupons maintenant par une section (S') (fig. 10.13).

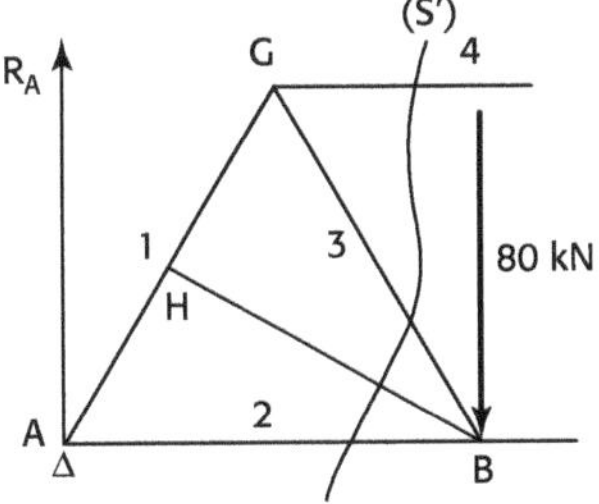

Figure 10.13. Coupure par une section (S').

25. Les signes des forces déduits des équations sont ceux des moments de ces forces par rapport au point considéré ; on en déduit alors le sens des forces et la nature de l'effort qui s'exerce dans la barre (compression ou tension).

La seule force extérieure est toujours la réaction en A. Elle est équilibrée par les efforts dans les barres coupées par la section : 2, 3 et 4.

La barre 1, non coupée, assure son propre équilibre et n'intervient plus par conséquent. Calculons le moment par rapport à B :

$$60 \times 3 + F_4 \times \frac{3\sqrt{3}}{2} = 0 \qquad \text{d'où} \qquad F_4 = -69{,}2 \text{ kN}$$

La force $\overrightarrow{F_4}$ est dirigée vers le nœud G : la barre 4 est donc comprimée. Pour trouver l'effort dans la barre 3, il faut calculer le moment par rapport au point F :

$$60 \times 4{,}5 + F_2 \times \frac{3\sqrt{3}}{2} + F_3 \times \frac{3\sqrt{3}}{2} = 0$$

En remplaçant F_2 par sa valeur trouvée précédemment (–34,6 kN), on calcule F_3 = –69,2 kN. La force étant dirigée vers le nœud B, la barre 3 est tendue.

3. Équilibre du nœud G

Le nœud G est soumis à trois forces égales et disposées à 120°, si on les fait glisser de manière à placer l'origine en G : l'équilibre est bien assuré (fig. 10.14).

Il s'agit d'une méthode rapide de vérification d'un Crémona.

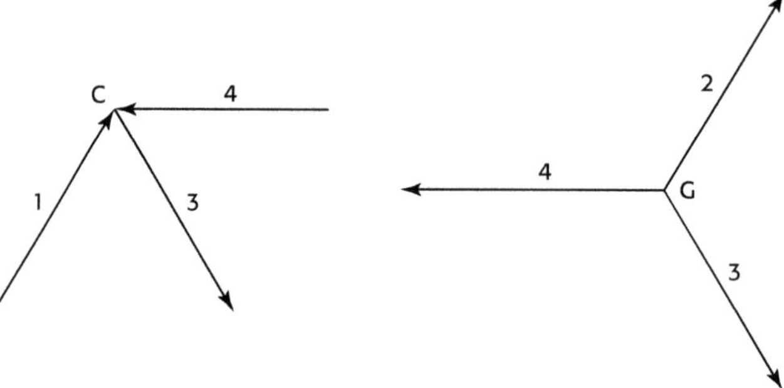

Figure 10.14. Équilibre du nœud G.

CHAPITRE 11

Stabilité de l'équilibre élastique

11.1 Introduction

Dans les chapitres précédents, ont été étudiés des poutres et des systèmes de poutres en supposant les déformations de ces poutres infiniment petites, c'est-à-dire en négligeant ces déformations pour le calcul des différents effets : effort normal, effort tranchant et moment fléchissant.

Dans ces conditions, la superposition de plusieurs états d'équilibre donnait un nouvel état d'équilibre (principe de la superposition des états d'équilibre).

Or, il n'en est pas toujours ainsi dans la réalité, puisqu'il peut arriver d'obtenir des déformations très grandes sous l'effet de forces relativement modérées. Ces phénomènes sont connus sous le nom d'instabilité élastique. Le plus courant est celui du flambement d'une poutre élancée sous l'action d'un effort normal de compression. Par exemple, une canne très fine sur laquelle on s'appuie fortement, se déforme en se courbant, puis casse, par flexion.

Dans le cas de la canne, si l'effort normal de compression était parfaitement situé dans l'axe de la canne, il y aurait écrasement du matériau et non rupture par flexion.

La flexion préalable ne peut provenir que d'un excentrement de la force de compression $\overrightarrow{F}$ par rapport à l'axe de la canne, l'excentrement relatif étant d'autant plus grand que le diamètre de la canne est faible (fig. 11.1).

Mais dans d'autres cas, la flexion peut être produite par un moment de flexion appliqué à la poutre du fait de la disposition des forces extérieures (poids propre, vent, neige, etc.) (fig. 11.1 à droite).

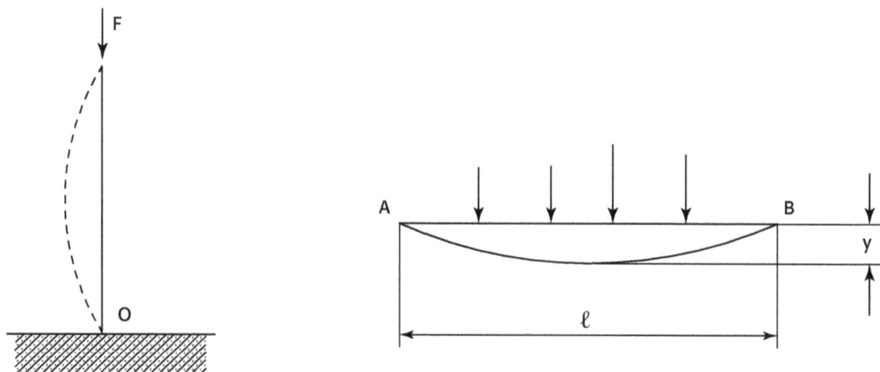

Figure 11.1. Flambement d'une canne (à gauche) et déformation d'une poutre (à droite).

Dans ce chapitre, les deux cas suivants seront étudiés :

- poutres à la fois comprimées et fléchies,
- poutres seulement comprimées : c'est le phénomène du flambement.

11.2 Poutre sur appuis simples, de section constante, comprimée et fléchie

La poutre, sur appuis simples A et B, est supposée horizontale. Elle supporte un système de charges verticales produisant dans la poutre un moment fléchissant m(x). Par ailleurs, elle est soumise à un effort normal F appliqué à ses extrémités (fig. 11.2).

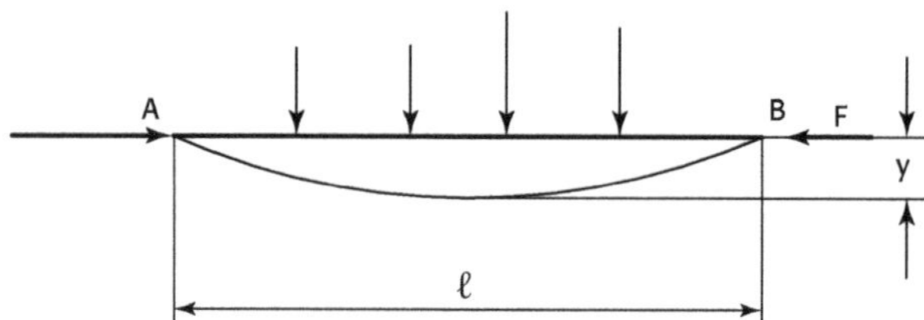

Figure 11.2. Poutre comprimée et fléchie.

Tant que la déformation de la poutre peut être négligée (y infiniment petit), il s'agit d'un simple cas de flexion composée. En revanche, si y n'est pas négligeable, le moment fléchissant par rapport au centre de gravité de la poutre, c'est-à-dire par rapport au point correspondant de la fibre moyenne *déformée,* devient :

$$M(x) = m(x) - F \times y$$ [26]

26. Le signe – provient du fait que *y* est négatif dans le cas considéré. Si *y* était positif, le moment serait alors négatif, et nous aurions la même formule.

Il en résulte que l'équation différentielle donnant y est :

$$y'' = \frac{M(x)}{EI} = \frac{1}{EI}\,[m(x) - Fy]$$

La solution de cette équation différentielle est telle que y tend vers l'infini lorsque F tend vers une force telle que :

$$F_C = \frac{\pi^2 EI}{\ell^2}$$

Cette force, de grandeur finie, est appelée force critique de flambement.

La valeur de la force $\vec{F}$ doit donc rester inférieure à F_C, pour éviter que les déformations de la poutre ne s'amplifient.

Il faut remarquer que la force critique est indépendante du moment fléchissant m(x) appliqué à la poutre.

11.3 Flambement des poutres droites de section constante

11.3.1 Poutre articulée à ses extrémités

Considérons une poutre droite OO', articulée à ses extrémités et soumise à un effort normal de compression $\vec{F}$. Soit S l'aire de sa section supposée constante.

On pourrait penser, a priori, que lorsque $\vec{F}$ croît, la ruine de la poutre intervient lorsque la contrainte $\sigma = F/S$, supposée répartie sur toute la section, dépasse la limite élastique. Or, il peut en être autrement lorsque les dimensions transversales de la poutre sont faibles vis-à-vis de sa longueur ℓ, puisque l'équilibre de la poutre peut devenir instable bien avant que la contrainte n'atteigne la limite élastique.

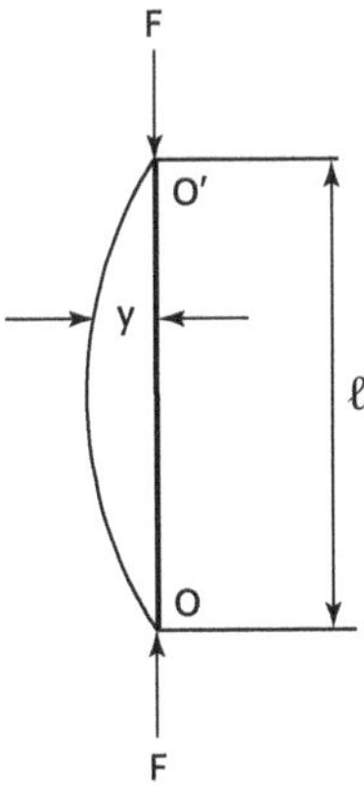

Figure 11.3. Poutre fléchie soumise à un effort de compression.

En effet, supposons que la poutre soit légèrement fléchie (fig. 11.3). En tout point d'abscisse x (à partir de O), elle est soumise, outre à l'effort normal de compression, à un moment fléchissant M = – Fy.

La flèche est déterminée par l'équation :

$$y'' = \frac{M(x)}{EI} = \frac{-Fy}{EI},$$

soit l'équation différentielle :

$$y'' + \frac{Fy}{EI} = 0\,.$$

Cette équation a une infinité de solutions, dont la plus faible valeur est donnée par l'expression[27] :

$$F_C = \frac{\pi^2 EI}{\ell^2}$$

F_C est appelée force critique de flambement (ou force critique d'Euler). Si l'intensité de la force $\vec{F}$ est supérieure à F_C, la déformation augmente considérablement, et la poutre se rompt, ou bien, si elle est très élancée (lame mince, par exemple), elle prend une position d'équilibre très déformée : de toutes façons, la poutre devient inutilisable.

Par exemple, si F dépasse F_C de 1,5 % seulement, la flèche maximum de la poutre atteint 11 % de sa longueur.

11.3.2 Poutres soumises à des conditions aux limites diverses

Les résultats précédents concernent la poutre articulée à ses deux extrémités. Ces résultats sont fondamentaux et servent de référence à tous les autres cas considérés ci-après.

Poutre encastrée à l'une de ses extrémités, et libre à l'autre (mât)

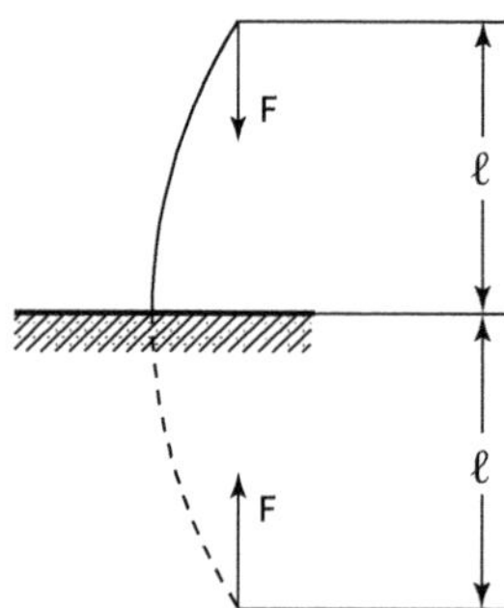

Figure 11.4. Flambement d'un mât.

Le flambement est identique à celui d'une poutre articulée à ses deux extrémités de longueur 2ℓ (fig. 11.4). D'où :

$$F_C = \frac{1}{4}\,\frac{\pi^2 EI}{\ell^2}$$

soit seulement le quart de la valeur de référence.

27. L'intégrale générale de l'équation différentielle est y = A cos kx + B sin kx, avec $k^2 = \frac{F}{EI}$. La condition y = 0 pour x = 0 donne A = 0 d'où y = B sin kx. La condition y = 0 pour x = ℓ donne sin kℓ = 0 d'où la formule indiquée.

Poutre encastrée à ses deux extrémités

F_C est le quadruple de la valeur de référence.

D'une manière générale, il est admis : $F_C = m \frac{\pi^2 EI}{\ell^2}$, m étant le coefficient numérique dépendant du mode de fixation de la pièce à ses deux extrémités. Il est donné dans le tableau 11.1 :

m	**Mode de fixation aux extrémités**
1	pièce articulée à ses deux extrémités
4	pièce parfaitement encastrée à ses deux extrémités
2	pièce demi encastrée à ses deux extrémités
2	pièce articulée à une extrémité et parfaitement encastrée à l'autre
¼	pièce encastrée à une extrémité et libre à l'autre (mât)

Tableau 11.1.

Remarque

Lorsque la poutre peut flamber dans un plan quelconque, il faut considérer le moment d'inertie minimum de la section.

11.3.3 Sécurité vis-à-vis du flambement – Contraintes admissibles

Considérons une poutre comprimée de section S, d'inertie I, articulée à ses extrémités ; la *contrainte critique* s_k est définie par la formule :

$$\sigma_k = \frac{F_C}{S} = \frac{\pi^2 EI}{\ell^2 S}$$

En appelant $r = \sqrt{\frac{I}{S}}$ le rayon de giration de la poutre et $\lambda = \frac{\ell}{r}$ l'élancement de la poutre, la contrainte critique devient :

$$\sigma_k = \frac{\pi^2 EI}{\lambda^2}$$

Supposons que la poutre soit parfaitement rectiligne, que l'effort $\overrightarrow{F}$ soit centré et que le matériau dont elle est constituée soit parfaitement homogène :

- si la contrainte σ_k est $< \sigma_e$ (limite élastique), c'est-à-dire si $\lambda > \pi \sqrt{\frac{E}{\sigma_e}}$, la poutre périra par écrasement dès que le rapport F/S atteindra la valeur σ_k ;
- si $\sigma_k > \sigma_e$, la poutre périra par écrasement dès que F/S atteindra la valeur σ_e.
- Si, d'autre part : la poutre a un défaut de rectitude, ou bien les forces de compression aux extrémités de la poutre ne sont pas bien centrées, alors la contrainte réelle maximale subie par la poutre sera supérieure à la contrainte normale $\sigma = F/S$.

D'une façon générale, la contrainte maximale est donnée par une expression de la forme :

$$\sigma_m = \frac{F}{S}\,[1 + a(\lambda)]$$ où a est un terme fonction de l'élancement λ.

On peut citer, parmi ces expressions, celle donnée par Rankine, en ce qui concerne les pièces en acier, soit :

$$\sigma_m = \frac{F}{S}\left(1 + \frac{\lambda^2}{10\,000}\right)$$

Il suffit alors de vérifier que σ_m est inférieur à la contrainte admissible dans le cas considéré.

11.4 Prescriptions des règlements en vigueur

Les règlements cités sont ceux relatifs aux constructions métalliques et au béton armé.

11.4.1 Règlements relatifs aux constructions métalliques

Nous distinguerons les constructions métalliques, en général, et les ouvrages métalliques construits pour les Collectivités Publiques.

11.4.1.1 Règles de calcul des constructions en acier : Règles CM 1966 et l'additif 80

Elles sont fondées sur la méthode *Dutheil* dont les principes sont donnés ci-après :

Cette méthode part du constat (voir paragraphe 11.3.1) que dès qu'une barre (même jugée parfaitement droite), est soumise à une compression, elle s'infléchit légèrement, ce qui induit un moment fléchissant s'ajoutant à l'effort normal : la vérification de la stabilité des pièces comprimées (avec ou sans flexion d'origine extérieure) est ainsi ramenée à un problème de flexion composée.

La résolution du problème présente les deux particularités suivantes :

- au lieu d'étudier l'équilibre des forces et les sollicitations en chaque point de la pièce, comme dans les cas courants où les déformations ont une influence négligeable sur ces sollicitations, on tient compte des déformations et de leur amplification par l'effet de la compression ;
- à partir de résultats expérimentaux et de leur interprétation par les méthodes de la statistique mathématique, on a pu déterminer une valeur limite de la flèche, qui permet de vérifier que la barre envisagée supportera avec une sécurité suffisante les charges auxquelles il est envisagé de la soumettre.

Pour les pièces ayant des parois pleines, la vérification consiste à ne pas dépasser une contrainte σ, telle que $k\sigma < \sigma_e$ où k est un coefficient dépendant du rapport $\frac{\sigma_e \lambda^2}{\pi^2 E}$, c'est-à-dire uniquement de la limite d'élasticité du matériau σ_e et de l'élancement de la pièce.

Nous donnons (tableau 11.2) quelques valeurs de k en fonction de λ et de σ_e, ainsi que la valeur de la contrainte critique d'Euler, calculée avec E = 210 000 MPa.

Élancement λ	**k**			**Contrainte critique d'Euler σ_k (MPa)**
	σ_e = 240 Mpa	**σ_e = 300 Mpa**	**σ_e = 360 Mpa**	
10	1,004	1,004	1,005	20 730
50	1,117	1,158	1,204	829
100	1,894	2,234	2,586	207,3
150	3,679	4,512	5,35	92,1
200	6,28	7,782	9,28	51,8
250	9,66	12,01	14,36	33,2

Tableau 11.2.

Remarque

On s'affranchit du coefficient m défini ci-dessus, en considérant une longueur de flambement ℓ_c égale à $2\ell_0$ dans le cas du mât, ½ ℓ_0 dans le cas de la pièce encastrée à ses deux extrémités, etc.

11.4.1.2 Cahier des prescriptions communes[28] applicables aux marchés de travaux publics passés au nom de l'État, fascicule 61, titre V : *Conception et calcul des ponts et constructions métalliques en acier.*[29]

Pour la majorité des cas, les règles adoptées sont semblables à celles des règles CM 66. Toutefois, en matière de flambement, les règles diffèrent volontairement de celles de la méthode Dutheil, étant établies à partir d'autres études expérimentales.

Les notations et les règles sont les suivantes :

- σ^* désigne la contrainte critique d'Euler : $\sigma^* = \dfrac{m\,\pi^2 E}{\lambda^2}$,
- σ_e désigne la limite d'élasticité de l'acier.

Si s_m désigne la contrainte de compression de la pièce considérée, on vérifie que $\sigma^* \leq \overline{\sigma}_m$ avec :

$$\overline{\sigma}_m = \sigma_e \left(1 - 0{,}375 \frac{\sigma_e}{\sigma^*}\right) \quad \text{si } \sigma^* \geq 0{,}75\,\sigma_e$$

$$\overline{\sigma}_m = 0{,}66\,\sigma^* \quad \text{si } \sigma^* \leq 0{,}75\,\sigma_e$$

Pour les pièces très courtes, telles que $\lambda \leq 20$, on peut se contenter de vérifier $\sigma_m \leq \sigma_e$.

11.4.1.3 Eurocode 3

Depuis 2010, les divers règlements nationaux doivent être en conformité avec les prescriptions des Eurocodes, pour les pays de l'Union Européenne. Pour les constructions en acier, il s'agit de l'Eurocode 3.

On compte 60 Eurocodes, regroupés en dix familles :

- Eurocode 0 : Bases de calcul des structures (EN 1990) ;
- Eurocode 1 : Actions sur les structures (EN 1991) ;
- Eurocode 2 : Calcul des structures en béton (EN 1992) ;

28. À noter que l'expression *Cahier des Prescriptions Communes*, en usage en 1978, doit être remplacée actuellement par l'expression *Cahier des Clauses Techniques Générales* (*CCTG*).
29. Décret du 22 juin 1977 et circulaire du 18 février 1978.

- Eurocode 3 : Calcul des structures en acier (EN 1993) ;
- Eurocode 4 : Calcul des structures mixtes acier-béton (EN 1994) ;
- Eurocode 5 : Conception et calcul des structures en bois (EN 1995) ;
- Eurocode 6 : Calcul des ouvrages en maçonnerie(EN 1996) ;
- Eurocode 7 : Calcul géotechnique (EN 1997) ;
- Eurocode 8 : Calcul des structures pour leur résistance aux séismes (EN 1998) ;
- Eurocode 9 : Calcul des structures en aluminium (EN 1999).

11.4.2 Règlement relatif au béton armé

Les règles applicables en matière de béton armé sont les Règles de l'Eurocode 2, normes NF EN 1992-1-1 et NF EN 1992-1-1/NA éditées par l'AFNOR, qui ont remplacé, depuis 2010 les règles dites BAEL 91, modifiées 99 (*Règles techniques de conception et de calcul des ouvrages et constructions en béton armé suivant la méthode des états limites*).

Ci-après, nous reprendrons ces dernières règles.

En matière de flambement, les règles concernent les poteaux. Tout d'abord, les longueurs de flambement à prendre en compte sont celles données dans le tableau du 11.3.2, en ce qui concerne les poteaux isolés.

Pour les bâtiments à étages qui sont contreventés par un système de pans verticaux (avec triangulations, voiles en béton armé ou maçonnerie de résistance suffisante) et où la continuité des poteaux et de leur section a été assurée, la longueur de flambement est prise égale à :

- $0{,}7\ \ell_0$ si le poteau est encastré à ses extrémités :
  - soit encastré dans un massif de fondation,
  - soit assemblé à des poutres de plancher ayant au moins la même raideur que lui dans le sens considéré et le traversant de part en part.
- ℓ_0 dans tous les autres cas.

En ce qui concerne la résistance des poteaux, et pour un élancement inférieur ou égal à 50, il est fait application d'un coefficient réducteur, défini par :

$$\alpha = \frac{0{,}85}{1 + 0{,}2\left(\frac{\lambda}{35}\right)^2}$$

semblable au coefficient k des règles CM 66 (voir 11.4.1.1.) mais avec la valeur 1/k.

Par exemple, pour $\lambda = 35$, $\alpha = 0{,}708$ (1/k est de l'ordre de 0,90).

Lorsque l'élancement est compris entre 50 et 70, la valeur de α devient :

$$\alpha = 0{,}60\left(\frac{50}{\lambda}\right)^2.$$

Pour $\lambda = 70$, $\alpha = 0{,}306$ et la valeur de 1/k est de l'ordre de 0,65.

Exercice

Barre d'acier de section rectangulaire

Énoncé

Considérons une barre d'acier de 0,50 m de longueur et de section rectangulaire : 50 × 20 mm, supposée articulée à ses extrémités.

1. Indiquer comment périra la barre :

- dans le cas où elle est constituée en acier de limite élastique 240 MPa,
- dans le cas où elle est constituée en acier de limite élastique 360 MPa.

2. Quelle force sera-t-il nécessaire d'appliquer à son extrémité libre, pour la faire flamber, en supposant que la barre n'est plus articulée, mais encastrée à une extrémité et libre à l'autre.

On prendra comme module d'élasticité de l'acier E = 210 000 MPa.

Solution

1. Le moment d'inertie à prendre en compte est le plus petit, c'est-à-dire celui pris par rapport à la médiatrice de la petite base. Si la barre se plie, ce sera par rapport à cet axe et non par rapport à l'axe perpendiculaire.

On trouve :

$$I = \frac{5 \times 2^3}{12} = \frac{10}{3}\ \text{cm}^4$$

L'aire de la section est $S = 10\ \text{cm}^2$. Le rayon de giration est donc :

$$r = \sqrt{\frac{I}{S}} = \sqrt{\frac{1}{3}} = 0{,}577\ \text{cm}$$

et l'élancement

$$\lambda = \frac{\ell}{r} = \frac{50}{0{,}577} = 86{,}6$$

L'élancement critique est :

$$\lambda_c = \pi\sqrt{\frac{E}{\sigma_e}}$$

- Dans le cas où $\sigma_e = 240$ MPa,

$$\lambda_c = \pi\sqrt{\frac{210\,000}{240}} = 93$$

L'élancement de la poutre est inférieur à l'élancement critique. La poutre périra par écrasement sans flambement, lorsque la contrainte normale $\frac{F}{S}$ atteindra 240 MPa ;

- dans le cas où $\sigma_e = 360$ MPa,

$$\lambda_c = \pi\sqrt{\frac{210\,000}{360}} = 76.$$

L'élancement de la poutre est supérieur à l'élancement critique. La poutre périra donc par flambement lorsque le rapport *F/S* atteindra la contrainte critique :

$$\sigma_c = \frac{\pi^2 E}{\lambda^2} = \frac{\pi^2 \times 210\,000}{(86{,}6)^2} = 276 \text{ MPa} \quad (< 360 \text{ Mpa}).$$

2. La barre étant encastrée à une extrémité, libre à l'autre, la force critique de flambement est (en utilisant comme unité le newton et le millimètre) :

$$F_c = \frac{1}{4}\frac{\pi^2 EI}{\ell^2} = \frac{\pi^2 \times (210\,000 \times 10^6)(\text{Pa}) \times (10 \times 10^{-8})(\text{m}^4)}{4 \times 0{,}25(\text{m}^2) \times 3} = 69\,088 \text{ N}$$

La contrainte critique est alors $\sigma_k = \frac{69\,088}{10\,000} = 69{,}088 \text{ N/mm}^2 = 69{,}088$ MPa, nettement inférieure à la limite élastique.

Remarque

Selon les Règles CM 66, pour un élancement de 86,6 × 2 = 173,2, la valeur de k est de l'ordre de 7 pour 360 MPa de limite élastique.

La contrainte admissible est alors de 360/7 = 51,4 MPa, soit moins que la contrainte critique d'Euler.

Avec le CCTG, la contrainte maximale serait égale à 0,66 × 70 = 46,2 MPa, soit du même ordre que le résultat précédent, mais légèrement en dessous.

Exercice

Poteau comprimé

Énoncé

Considérons un poteau comprimé de section S = 400 mm² et de longueur 1 m.

1. Calculez la contrainte critique d'Euler dans le cas où la section a la forme :

- d'un carré ;
- d'un rectangle de longueur quintuple de la largeur (considéré dans sa position la plus défavorable pour le flambement) ;
- d'un cercle ;
- d'une couronne circulaire de diamètre intérieur de 20 mm (cas d'un tube).

On résumera les différents calculs dans un tableau faisant apparaître, en colonnes :

- les moments d'inertie ;
- les rayons de giration ;
- les élancements ;
- les contraintes critiques d'Euler.

On prendra comme valeur du module de Young : E = 210 000 MPa.

2. Sachant que la pièce est constituée d'acier doux de limite élastique σ_e = 240 MPa, et qu'elle est soumise à une force de compression simple F = 16 000 N, calculez dans chaque cas la contrainte maximale donnée par la formule de Rankine. La comparer à la valeur admissible.

3. Calculez la valeur du coefficient k des Règles CM 66. On interpolera entre les différentes valeurs du tableau 11.2

Calculez la contrainte de compression simple, puis le produit kσ. Comparez à la limite élastique.

Observez ce que donne l'application des règles du CCTG.

Solution

1. Calcul de la contrainte critique d'Eudler :

- pour la section carrée : le côté est a = 20 mm donc

$$I = \frac{a^4}{12} = 13\,333 \text{ mm}^4 \qquad r = \sqrt{\frac{I}{S}} = \sqrt{\frac{13\,333}{400}} = 5{,}78 \text{ mm}$$

$$\lambda = \frac{1\,000}{5{,}78} = 173 \qquad \sigma_k = \frac{\pi^2 E}{\lambda^2} = 69{,}2 \text{ MPa} \ ;$$

- pour la section rectangulaire : la position la plus défavorable est celle où l'axe de flexion est parallèle au grand côté.

$$b = \sqrt{400 \times 5} = 44{,}72 \text{ mm} \qquad h = 8{,}94 \text{ mm} \qquad I = \frac{bh^3}{12} = 2\,666{,}67 \text{ mm}^4$$

$$r = \sqrt{\frac{I}{S}} = 2{,}58 \text{ mm} \qquad \lambda = \frac{1\,000}{5{,}78} = 387{,}6 \qquad \sigma_k = 13{,}8 \text{ MPa} \ ;$$

- pour la section circulaire :

$$R = \sqrt{\frac{400}{\pi}} = 11{,}28 \text{ mm} \qquad I = \frac{\pi R^4}{4} = 12\,732 \text{ mm}^4$$

$$r = \sqrt{\frac{12\,732}{400}} = 5{,}64 \text{ mm} \qquad \lambda = \frac{1\,000}{5{,}64} = 177 \qquad \sigma_k = 66{,}2 \text{ MPa} \ ;$$

- pour la couronne : $S = \frac{\pi}{4}(D^2 - 400) = 400 \text{ mm}^2$ d'où $D^2 = 909{,}3 \text{ mm}^2$

$$I = \frac{\pi}{64}(D^2 - 20^4) = 32\,733 \text{ mm}^4$$

$$r = \sqrt{\frac{32\,733}{400}} = 9{,}05 \text{ mm} \qquad \lambda = \frac{1\,000}{9{,}05} = 110{,}5 \qquad \sigma_k = 169{,}7 \text{ MPa} \cdot$$

D'où le tableau :

Section	I (mm^4)	r (mm)	λ	σ_k (MPa)
Carré	13 333	5,78	173	69,2
Rectangle	2 667	2,58	388	13,8
Cercle	12 732	5,64	177	66,2
Couronne	32 733	9,05	110,5	169,7

Tableau 11.3. Résultats pour les différentes formes.

On voit l'avantage net de la couronne et, en revanche, le faible intérêt du rectangle. En effet, pour une même section de 400 mm^2, la contrainte critique d'Euler, et donc la faculté de supporter une charge, est, pour la couronne, treize fois celle du rectangle allongé.

2. Application de la formule de Rankine

Section	**λ**	$1+\frac{\lambda^2}{10\,000}$	**σ_m (MPa)**
Carré	173	3,99	159,6
Rectangle	388	16,05	642
Cercle	177	4,13	165,2
Couronne	110,5	2,22	88,8

Tableau. 11.4 Contrainte maximale donnée par la formule de Rankine.

Seuls le carré et la couronne subissent une contrainte inférieure à la contrainte admissible, qui est ici environ les deux tiers de 240, soit 160 MPa. Le cercle est très proche, mais le rectangle, ici aussi, n'est vraiment pas la bonne solution.

3. Application des Règles CM 66

λ	**k**	**kσ (MPa)**
173	4.78	191,2
388	> 20	> 800
177	4.99	199,6
110,5	2.19	87,6

Tableau 11.5. Calcul du coefficient k des règles CM 66.

Nous retrouvons à peu près les mêmes résultats qu'avec la formule de Rankine : le rectangle est à écarter ; carré et cercle donnent des résultats voisins valables (avec un léger avantage pour le carré) ; excellents résultats de la couronne.

Pour l'application du CCTG, la contrainte critique d'Euler étant, dans tous les cas, inférieure aux trois quarts de la limite élastique, la formule à appliquer est la deuxième :

$$\bar{\sigma}_m = 0{,}66\ \sigma^*$$

Ce qui donne, pour la contrainte maximale admissible, exprimée en MPa :

- pour le carré : 45,7 ;
- pour le rectangle : 9,1 ;
- pour le cercle : 43,7 ;
- pour la couronne : 112.

Ces résultats sont à comparer à la division par k de la limite élastique, soit :

- pour le carré : 50,2 ;
- pour le rectangle : < 12 ;
- pour le cercle : 48,1 ;
- pour la couronne : 109,6.

On retrouve des résultats très voisins.

ANNEXE A

Rappels d'analyse mathématique

A.1 Fonction dérivée

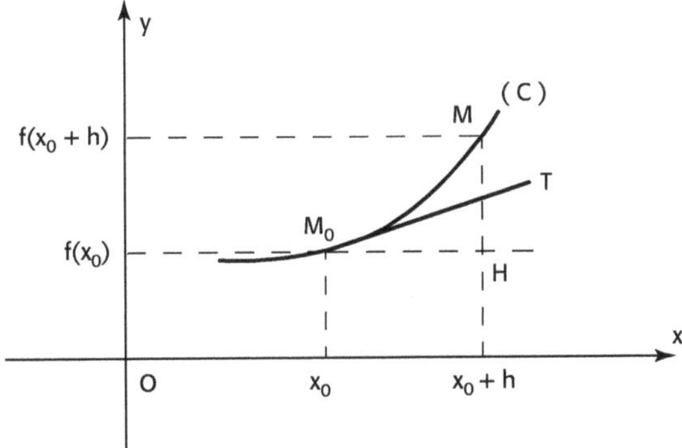

Figure A.1. Exemple de fonction f(x) définie et continue au voisinage du point M_0 d'abscisse x_0.

Si l'on considère une fonction f(x) définie et continue au voisinage d'un nombre réel x_0 (fig. A.1) la dérivée de la fonction f au point x_0, est la limite $f'(x_0)$ du rapport des accroissements de la fonction f et de la variable x :

$$f'(x_0) = \lim \frac{f(x_0 + h) - f(x_0)}{h} \quad \text{lorsque } h \text{ tend vers } 0.$$

Sur la courbe représentative de la fonction f, la dérivée représente la pente de la tangente M_0T à cette courbe.

L'équation de la tangente à la courbe, au point d'abscisse x_0, est ainsi donnée par :

$$y - y_0 = y'_0(x - x_0)$$

A.1.1 Exemple : fonction linéaire

$$y = ax, \quad \text{donc } y(x+h) = ax + ah, \quad \text{d'où} \quad \Delta y = ah \quad \text{et} \quad \frac{\Delta y}{\Delta x} = \frac{ah}{h} = a.$$

A.1.2 Exemple : fonction du second degré

$$y = bx^2, \qquad \frac{\Delta y}{\Delta x} = \frac{b(x^2 + 2xh + h^2 - x^2)}{h} = \frac{2bxh + bh^2}{h}.$$

Cette dernière valeur est égale à $2bx + bh$; elle tend vers $2bx$ lorsque h tend vers 0.

A.1.3 Exemple : fonction de degré n

$$y = kx^n, \qquad y' = knx^{n-1}$$

La fonction f' définie précédemment est appelée dérivée première de la fonction f.

Si cette fonction f' est elle-même continue, elle peut être dérivée afin d'obtenir la dérivée seconde f" = (f')'.

A.1.4 Dérivées d'une somme, d'un produit, ou d'un quotient de fonctions dérivables

Soient u et v deux fonctions dérivables, de dérivées u' et v'.

On démontre que :

$$(u+v)' = u' + v' \quad \text{et} \quad (u \times v)' = u \times v' + u' \times v$$

On en déduit : $(u^n)' = nu^{n-1} \times u'$

$$\left(\frac{u}{v}\right)' = \frac{u' \times v - u \times v'}{v^2}$$

En ce qui concerne la fonction racine carrée, on peut écrire :

$$\sqrt{u} = u^{\frac{1}{2}} \quad \text{d'où} \quad \left(\sqrt{u}\right)' = \frac{1}{2}\, u^{-\frac{1}{2}} u' \quad \text{soit} \quad \left(\sqrt{u}\right)' = \frac{u'}{2\sqrt{u}}$$

A.1.5 Dérivée d'une fonction de fonction

Soit $h(x) = g[f(x)]$, où g et f sont des fonctions dérivables. La dérivée de h est $h'(x) = g'(f) \times f'(x)$.

Par exemple, calculons la dérivée de $\sin(ax + b)$. Avec les notations précédentes, nous avons $f(x) = ax + b$ et $g = \sin$. La dérivée est $\cos(ax+b) \times a = a\cos(ax+b)$.

A.1.6 Rappel de quelques dérivées de fonctions

$$(\sin a)' = \cos a \ ; \quad (\cos a)' = -\sin a \ ; \quad (\text{tg } a)' = 1 + \text{tg } a^2$$

$$(e^x)' = e^x \ ; \quad (a^x)' = a^x \text{ Log }^a \ ; \quad (\text{Log } x)' = 1/x \ ; \quad (\text{Log}_a x)' = 1/x \text{ Log } a.$$

A.1.7 Dérivée de la fonction réciproque d'une fonction dérivable

Soit f^{-1} la fonction réciproque de la fonction f. Si la fonction réciproque est dérivable et si f'(x) n'est pas nul, on a :

$$(f^{-1})'[f(x)] = \frac{1}{f'(x)}$$

Par exemple, soit la fonction $x = g(y) = y^n$. La fonction réciproque est $y = f(x) = \sqrt[n]{x}$ (si $x > 0$).

On a : $g'(y) = ny^{n-1}$. L'application de la formule précédente donne :

$$f'[g(y)] = \frac{1}{ny^{n-1}} \qquad \text{d'où} \quad f'(x) = \frac{1}{n\left(\sqrt[n]{x}\right)^{n-1}} \,.$$

On obtient le même résultat en utilisant la notation différentielle suivante :

$$x = y^n \rightarrow dx = n\, y^{n-1}\, dy \rightarrow \frac{dy}{dx} = \frac{1}{ny^{n-1}} = \frac{1}{n\left(\sqrt[n]{x}\right)^{n-1}}$$

A.2 Notion d'intégrale définie

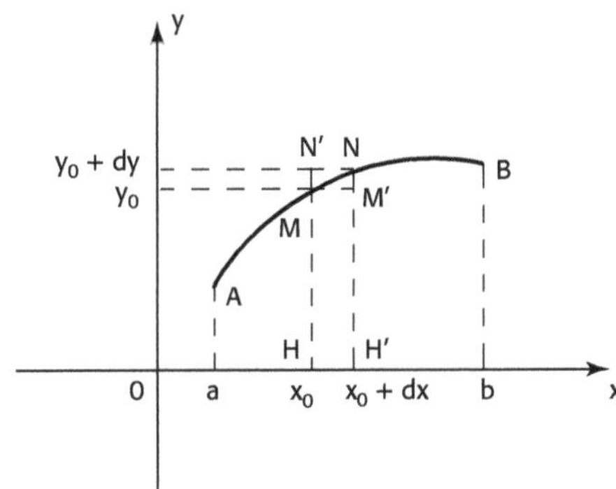

Figure A.2. Fonction y(x) entre deux abscisses rapprochées.

Considérons une fonction y = f(x) représentée par une courbe AB, et deux abscisses x_0 et $x_0 + dx$, dx étant une longueur infiniment petite (fig. A.2).

L'aire délimitée par les quatre points H,M,N, et H' est comprise entre le rectangle HMM'H' de surface $y_0 \times dx$ et le rectangle HN'NH' de surface $(y_0 + dy) \times dx$. Lorsque dx tend vers 0, l'aire considérée tend vers la valeur $dA = y_0 \times dx$.

Si l'on fait varier x entre les deux valeurs extrêmes a et b, l'aire totale A, définie par les quatre points a, A, B, et b, est la somme des aires élémentaires dA : $A = \Sigma(dA)$. On écrit

$$A = \int_a^b f(x)\, dx$$

Cette aire représente l'intégrale définie de la fonction y=f(x) entre les abscisses a et b (fig. A.3).

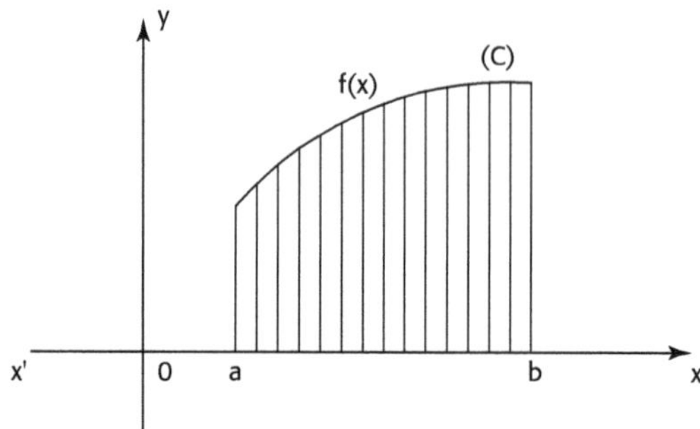

Figure A.3. Aire hachurée représentant l'intégrale définie de f(x) entre a et b.

A.2.1 Propriétés de l'intégrale définie

Elles se déduisent des considérations géométriques précédentes :

1. $\int_a^a f(x)\,dx = 0$
2. $\int_a^b f(x)\,dx = -\int_b^a f(x)\,dx$
3. $\int_a^b f(x)\,dx = \int_a^c f(x)\,dx + \int_c^b f(x)\,dx,$ (relation de Chasles)

quelle que soit la position de c par rapport à a et b.

4. $\int_a^b k\,f(x)\,dx = k\int_a^b f(x)\,dx,$ si k est une fonction constante.

Il en résulte une règle pratique : pour simplifier les calculs, il faut placer les facteurs constants devant le signe *somme.*

A.2.2 Fonction définie par une intégrale

Nous avons considéré une intégrale définie entre deux abscisses a et b. Sur l'intervalle (a,x) où x est situé entre a et b, l'aire définie précédemment est une fonction de x :

$$F(x) = \int_a^x f(t)\,dt.$$

Nous avons changé le nom de la variable d'intégration, puisque la variable x correspond à une borne de l'intégrale définie.

La fonction F est continue sur (a,b). Elle est dérivable en tout point de (a,b) où f est continue et sa dérivée est $F'(x) = f(x)$.

A.3 Fonctions primitives

A.3.1 Définition

Soit une fonction f, définie sur un intervalle I. On nomme **fonction primitive** de la fonction f sur l'intervalle I, toute fonction F dont la fonction dérivée première, F', sur l'intervalle I, est f.

Si l'on reprend les résultats du paragraphe précédent (A.2), si a et x appartiennent à l'intervalle I, la fonction $F_a(x) = \int_a^x f(t)\,dt$ est une fonction primitive de f sur I.

a étant un nombre réel quelconque sur l'intervalle I, il en résulte qu'il existe une infinité de primitives de la fonction f. On peut donc écrire :

*Si **F** est une primitive de **f**, toute primitive de **f** est définie par (**F** + **C**) où **C** représente une fonction constante.*

On désigne souvent C par le terme *constante d'intégration*.

A.3.2 Fonction primitive de valeur donnée en un point donné

Si F est une fonction primitive de f, pour que G = F + C ait, en un point x_0 une valeur donnée $G(x_0)$, il faut et il suffit que $C = G(x_0) - F(x_0)$.

On peut écrire ce résultat de la façon suivante :

$$G(x) - G(x_0) = F(x) - F(x_0)$$

Si l'on prend, par exemple, une fonction du second degré $f(x) = ax^2 + bx + c$ et que l'on veuille déterminer la fonction primitive telle que F(1) = 0, on calcule :

$$F(x) = \frac{ax^3}{3} + \frac{bx^2}{2} + cx + C.$$

La condition F(1) = 0 s'écrit :

$$\frac{a}{3} + \frac{b}{2} + c + C = 0 \qquad \text{d'où} \qquad C = -\left(\frac{a}{3} + \frac{b}{2} + c\right).$$

La fonction primitive cherchée est ainsi :

$$F(x) = \frac{ax^3}{3} + \frac{bx^2}{2} + cx - \left(\frac{a}{3} + \frac{b}{2} + c\right).$$

Une telle condition de valeur donnée d'une primitive se retrouve dans le calcul des flèches en résistance des matériaux ; par exemple : flèche nulle sur un appui.

De telles conditions s'appellent parfois *conditions aux limites.*

A.3.3 Relation entre intégrale définie et primitive

Soit la fonction f, définie et continue sur un intervalle I = (u, v), et soient a et b, des nombres réels de cet intervalle.

La fonction *F* définie par $F(x) = \int_u^x f(t)\,dt$ est une primitive particulière de f.

Pour les valeurs x = a et x = b, nous obtenons les valeurs de F(a) et de F(b) :

$$F(a) = \int_u^a f(t)\,dt \qquad \text{et} \qquad F(b) = \int_u^b f(t)\,dt$$

Calculons la différence F(b) - F(a), en appliquant les règles données précédemment, nous obtenons :

$$\int_u^b f(t)\,dt - \int_u^a f(t)\,dt = \int_a^u f(t)\,dt + \int_u^b f(t)\,dt = \int_a^b f(t)\,dt$$

D'où la règle :

$$F(b) - F(a) = \int_a^b f(t)\,dt$$

Conséquence : soit (C) la courbe représentant le graphe de la fonction f et soit F une fonction primitive de f, l'aire algébrique du domaine délimité par la courbe (C), la droite x'x, les droites d'équation x = a et x = b est égale à F(b) - F(a) (fig. A.3).

A.3.4 Intégrale indéfinie

Elle est définie par la fonction $F(x) = \int f(x)\,dx$.

A.3.5 Recherche des fonctions primitives d'une fonction donnée

A.3.5.1 Fonctions primitives usuelles

Elles découlent des résultats donnés précédemment concernant les dérivées (paragraphes A.1.1 à A.1.7).

Fonctions définies sur l'ensemble des nombres réels

Le tableau A.1 donne les primitives correspondant aux fonctions usuelles, C représentant la constante d'intégration.

Fonction	Fonction primitive correspondante
$f(x) = 0$	$F(x) = C$
$f(x) = a$	$F(x) = ax + C$
$f(x) = x^n$	$F(x) = \frac{x^{n+1}}{n+1} + C \quad (n \in N)$
$f(x) = \sin x$	$F(x) = -\cos x + C$
$f(x) = \cos x$	$F(x) = \sin x + C$

Tableau A.1 Primitives de fonctions définies pour l'ensemble des nombres réels.

Fonctions définies sur un intervalle ne comprenant pas la totalité des réels

Le tableau A.2 donne les primitives des fonctions usuelles dans ce cas.

Fonctions	Fonctions primitives
Pour $x \neq 0$: $f(x) = \frac{1}{x^2}$	$F(x) = \frac{-1}{x} + C$
Pour $x > 0$: $f(x) = \frac{1}{\sqrt{x}}$	$F(x) = 2\sqrt{x} + C$
Pour x rationnel, et $x \neq -1$: $F(x) = x^m$	$F(x) = \frac{x^{m+1}}{m+1} + C$
Pour $x \neq \frac{\pi}{2} + k\pi$ $\quad f(x) = \frac{1}{\cos^2 x} = 1 + tg^2\, x$	$F(x) = tg\, x + C$
Pour $x \neq k\pi$ $\quad f(x) = \frac{1}{\sin^2 x} = 1 + \cot^2 x$	$F(x) = -\cot x + C$

Tableau A.2 Primitives de fonctions non définies sur l'ensemble des réels.

Autres intégrales

$$\int \frac{dx}{x} = \text{Log}\, x \qquad \int \frac{dx}{x^2-1} = \frac{1}{2}\text{Log}\,\frac{x-1}{x+1} \qquad \int \frac{dx}{x^2-a^2} = \frac{1}{2a}\text{Log}\,\frac{x-a}{x+a}$$

De même que pour le calcul des dérivées (voir paragraphe A.1.4.), on peut déduire de ces intégrales usuelles une infinité d'autres intégrales en remplaçant x par une fonction arbitraire u(x).

Par exemple :

$$\int u^m\, du = \frac{u^{m-1}}{m+1} \qquad (m \neq -1)$$

Soit à calculer : $$\int \frac{x\, dx}{(x^2+1)^2}$$

Posons $u = x^2 + 1$. On a $du = 2x\,dx$ et l'intégrale peut s'écrire :

$$\frac{1}{2}\int \frac{du}{u^2} = \frac{1}{2}\int u^{-2}\, du = \frac{1}{2}\,\frac{u^{-1}}{-1} = -\frac{1}{2(x^2+1)}$$

D'une façon générale, il est opportun de vérifier les calculs en calculant les dérivées des fonctions obtenues par intégration.

A.3.5.2 Intégration par parties

Elle est fondée sur la formule :

$$\int u\, dv = uv - \int v\, du$$

Exemple : calculer $\int \text{Log}\, x \cdot x^m\, dx$.

Posons u = Log x, dv = x^mdx, d'où $v = \frac{x^{m+1}}{m+1}$ $(m \neq -1)$.
L'application de la formule ci-dessus donne :

$$\int \text{Log}\, x \cdot x^m\, dx = \text{Log}\, x \cdot \frac{x^{m+1}}{m+1} - \int \frac{1}{x} \frac{x^{m+1}}{m+1}\, dx = \frac{x^{m+1}}{m+1} \text{Log}\, x - \frac{x^{m+1}}{(m+1)^2}.$$

A.3.6 Aire d'une surface plane

Nous avons vu, (voir paragraphe A.2, fig. A.2), la représentation géométrique du nombre :

$$A = \int_a^b f(x)\, dx.$$

Nous allons illustrer cette définition par un exemple : considérons la parabole définie par $f(x) = \frac{x^2}{2}$ et calculons l'aire hachurée sur la figure A.4.

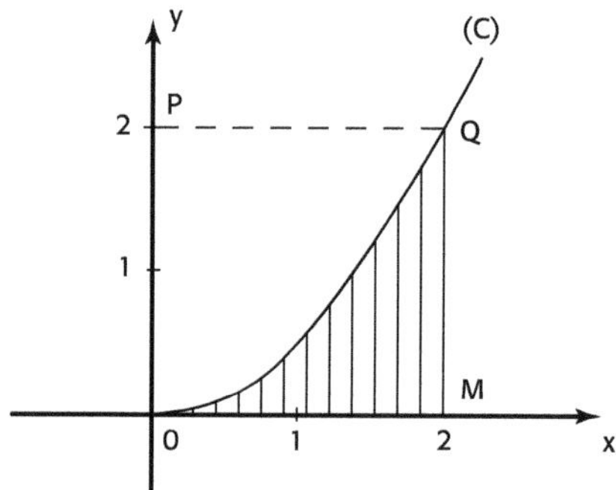

Figure A.4. Aire définie par une courbe parabolique.

L'aire du domaine OMQP est égale à :

$$A = \int_0^2 \frac{x^2}{2}\, dx = \left[\frac{x^3}{6}\right]_0^2 = \frac{8}{6} - 0 = \frac{4}{3} \text{ d'unité d'aire.}$$

L'aire définie par la parabole est donc le tiers de l'aire du carré OMQP.

A.4 Équations différentielles

Soit une fonction f définie par y = f(x) ; la dérivée première f' est telle que y' = f'(x) et la dérivée seconde est telle que y" = f"(x).

On appelle équation différentielle une relation de la forme : H(x, y, y', y") = 0.

L'équation est du premier ordre si la seule dérivée qui intervienne est la dérivée première ; elle est du second ordre si les deux seules dérivées qui interviennent sont y' et y". Dans ce dernier cas, y" peut intervenir sans la présence de y'.

En résistance des matériaux, on trouve des équations différentielles du second ordre dans le calcul des flèches.

Une équation différentielle étant donnée, *intégrer* (ou résoudre) cette équation différentielle, c'est chercher **l'ensemble des fonctions** qui la satisfont. Chacune de ces fonctions est une **solution** ou **intégrale particulière** de l'équation différentielle. L'ensemble des solutions est généralement nommé intégrale générale de l'équation différentielle.

L'intégrale générale d'une équation différentielle du 1er ordre dépend d'une constante arbitraire (que l'on peut généralement déterminer par une *condition aux limites*).

L'intégrale générale d'une équation différentielle du second ordre dépend de deux constantes arbitraires.

A.4.1 Équations du premier ordre

- Équations différentielles du type $y' = P(x)$ où $P(x)$ est une fonction polynôme.
  La solution est immédiate : c'est l'ensemble des primitives de $P(x)$.
- Équations différentielles du type $y' = ay$, où a est un réel donné.

  On peut écrire, pour y non nul : $\frac{y'}{y} = a$, soit une solution : $\operatorname{Log} y = ax + C$, ou encore, en écrivant $C = \operatorname{Log} K$, $\operatorname{Log} y - \operatorname{Log} K = ax$, ou $y = Ke^{ax}$.

A.4.2 Exemples d'équations différentielles du second ordre

- Équations différentielles du type $y'' = P(x)$ où P est une fonction polynôme. C'est le type rencontré le plus souvent lors du calcul des flèches, en résistance des matériaux.

  On calcule d'abord la dérivée première y' :

  $$y' = \int P(x)\,dx = Q(x) + C_1 \qquad Q(x) \text{ est également un polynôme.}$$

  $$y = \int [Q(x) + C_1]\,dx = R(x) + C_1 x + C_2$$

  L'intégrale générale comporte deux constantes arbitraires, comme nous l'avons déjà annoncé au début de ce chapitre.
- Équations différentielles du type $y'' + \omega^2 y = 0$.

  On trouve ce type d'équations dans le calcul du flambement. L'intégrale générale de cette équation est l'ensemble des fonctions :

  $$F(x) = A\cos\omega x + B\sin\omega x.$$

ANNEXE B

Symboles et notations

Ci-après sont répertoriés les symboles et notations utilisés dans ce livre, avec les unités correspondantes, tant en Système International qu'en unités usuelles, lorsqu'elles sont différentes. Nous indiquons également les références aux paragraphes où ils sont utilisés pour la première fois.

Tableau des symboles et de leurs unités				
Symbole	**Désignation**	**Paragraphe**	**Unité SI**	**Unité usuelle**
Majuscules romaines				
C	Moment de torsion	4.3.2	mN	mdaN
E	Module de Young	3.3	N/m^2	hb ou MPa
F	Force	1.1.1.2	N	daN
G	Centre de gravité	2.3	–	–
I/xx'	Moment d'inertie par rapport à un axe xx'	2.2	m^4	cm^4
I/v I/v'	Module d'inertie pris par rapport à la fibre supérieure Module d'inertie pris par rapport à la fibre inférieure	2.3	m^3	cm^3
L	Longueur d'un élément	3.2	m	m ou cm
M	Moment de forces	1.2.2	mN	mdaN
M_w M_e M_t	Valeur absolue du moment fléchissant sur l'appui de gauche d'une travée continue Valeur absolue du moment fléchissant sur l'appui de droite Moment fléchissant en travée	9.6.1.2	mN	mdaN
N	Effort normal	4.3.2	N	daN
P	Poids, charge concentrée	1.1.1.3	N	daN
R	Résultante de forces ; Réaction	1.1.1.2	N	daN
R	Rayon d'un cercle	1.1.2.1	m	m ou cm
S	Surface	2.1	m^2	m^2 ou cm^2
T	Effort tranchant	4.3.2	N	daN
Z	Bras de levier du couple des forces internes à une section	6.2	m	m ou cm

Tableau des symboles et de leurs unités				
Symbole	**Désignation**	**Paragraphe**	**unité SI**	**unité usuelle**
	Minuscules romaines			
a	Distance à l'origine d'une charge concentrée	4.3.2	m	m ou cm
b	Largeur d'une section	2.3	m	m ou cm
b	Nombre de barres d'un système réticulé	10.1	–	–
d	Distance entre deux axes	2.1	m	m ou cm
d	Diamètre d'un cercle	2.3	m	m ou cm
e	Épaisseur d'une pièce métallique (tôle, plat, etc.)	6.3	m	cm
h	Hauteur d'une pièce rectangulaire	2.3	m	m ou cm
k	Coefficient de sécurité au flambement	11.4.1	–	–
ℓ	Longueur d'une travée de poutre entre deux appuis	4.3.3	m	m
m	Coefficient numérique de flambement	11.3.2	–	–
m (S)	Moment statique d'une surface	2.1	m^3	m^3 ou cm^3
m(x)	Dans une poutre continue, moment fléchissant sur une travée supposée sur appuis simples	9.2	mN	mdaN
n	Nombre de nœuds d'un système réticulé	10.1	–	–
p	Intensité d'une force uniformément répartie	4.2	N/m	daN/m
r	Rayon de giration d'une poutre	11.3.3	m	m ou cm
s	Surface élémentaire	2.1	–	–
t	Contrainte tangentielle	3.2	N/m^2	daN/cm^2
t(x)	Dans une poutre continue, effort tranchant sur une travée considérée sur appuis simples	9.2	N	daN
t_y, t_z	contraintes de cisaillement	6.1	N/m^2	daN/cm^2
v v'	Distance de l'axe neutre à la fibre extrême supérieure Distance de l'axe neutre à la fibre extrême inférieure	2.3	m	m ou cm
x	Abscisse d'une section de poutre	8.1	m	m ou cm
y	Distance verticale à l'axe neutre d'une fibre de poutre	2.3	m	m ou cm
y(x)	Déplacement vertical de la fibre déformée	8.1.6	m	cm ou mm
y'	Dérivée de y (pente de la déformée	8.1.6	–	–
y''	Dérivée seconde de y	8.1.6	–	–
	Minuscules grecques			
α	Rapport des charges d'exploitation à la somme des charges	9.5	–	–
ε	Allongement relatif	3.3	–	%
λ	Élancement d'une poutre	11.3.3	–	–
σ σ'	Contrainte normale de traction Contrainte normale de compression	3.2	N/m^2 (ou Pa)	MPa, bar, hb
σ_e	Limite élastique d'un métal	3.2	N/m^2 (Pa)	MPa, hb
σ'_k	Contrainte critique d'Euler	11.3.3	N/m^2 (Pa)	MPa, hb
ν	Coefficient de Poisson	3.3	-	-

www.ingramcontent.com/pod-product-compliance
Ingram Content Group UK Ltd.
Pitfield, Milton Keynes, MK11 3LW, UK
UKHW051623230726
13924UKWH00013BA/2255